高等学校实验课系列教材

基础力学实验

EXPERIMENTATION

主编 陈立明 聂书严 成天宝

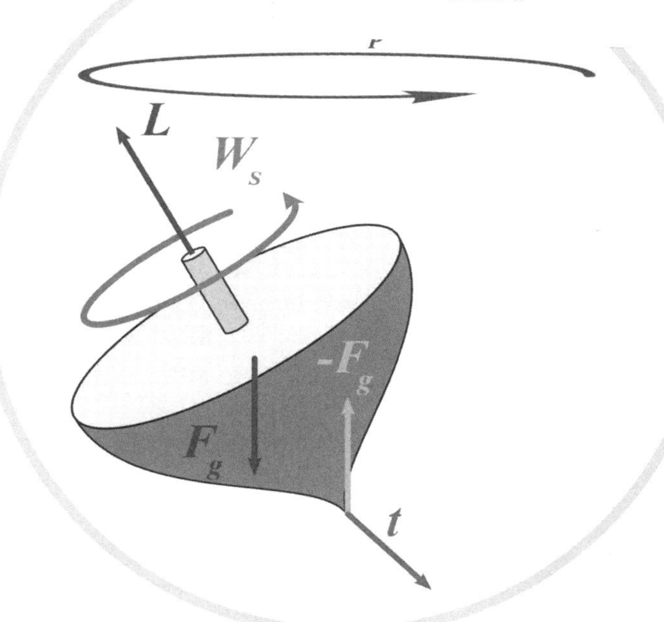

重庆大学出版社

内容提要

本书是一本基础力学(材料力学、理论力学)实验指导书,旨在为工科专业的本科生提供一本系统、完整、规范、实用的实验教材。本书根据国内工科专业基础力学课程的内容和要求,选取了一些典型、常用、有代表性的实验项目,涵盖了材料力学实验、理论力学实验、开放性实验等主要内容。全书共有七章,第一章、第二章和第三章为材料力学实验,第四章、第五章为理论力学实验,第六章和第七章为开放性实验。本书可作为高等院校机械类、航空航天类、力学类、土木工程类、能源动力类等专业的基础力学实验教材。

图书在版编目(CIP)数据

基础力学实验 / 陈立明,聂书严,成天宝主编.
重庆 :重庆大学出版社,2024. 8. --(高等学校实验课系列教材). -- ISBN 978-7-5689-4656-8

Ⅰ. O3-33

中国国家版本馆 CIP 数据核字第 20241C2R92 号

基础力学实验

JICHU LIXUE SHIYAN

主　编　陈立明　聂书严　成天宝

策划编辑:杨粮菊

特约编辑:熊祎滢

责任编辑:杨粮菊　　版式设计:杨粮菊

责任校对:邹　忌　　责任印制:张　策

*

重庆大学出版社出版发行

出版人:陈晓阳

社址:重庆市沙坪坝区大学城西路 21 号

邮编:401331

电话:(023)88617190　88617185(中小学)

传真:(023)88617186　88617166

网址:http://www.cqup.com.cn

邮箱:fxk@cqup.com.cn(营销中心)

全国新华书店经销

重庆市正前方彩色印刷有限公司印刷

*

开本:787mm×1092mm　1/16　印张:9.75　字数:221 千

2024 年 8 月第 1 版　　2024 年 8 月第 1 次印刷

印数:1—2 000

ISBN 978-7-5689-4656-8　定价:39.00 元

前言

基础力学是工程技术专业的一门重要的基础课程,主要包括材料力学和理论力学两个部分。材料力学研究材料在外力作用下的应力、应变和变形等问题,是工程结构设计和分析的基础。理论力学研究质点和刚体在力作用下的运动规律,是动力学和控制理论的基础。基础力学的实验教学是理论教学的重要补充,它可以加深学生对基础力学概念、原理和方法的理解,培养学生的实验技能和创新思维,提高学生的工程实践能力。

本书是一本基础力学(材料力学、理论力学)实验指导书,旨在为工科专业的本科生提供一本系统、完整、规范、实用的实验教材。本书根据基础力学课程的内容和要求,选取了一些典型、常用、有代表性的实验项目,涵盖了材料力学实验、理论力学实验、开放性实验等主要内容。本书针对不同实验项目设置了实验目的、实验原理、仪器设备、操作步骤、数据处理、结果分析等部分,既注重实验操作的规范性和安全性,又注重实验数据的准确性和有效性,还配有一些插图、表格和公式,以便于学生理解和掌握实验内容。

本书分为三大模块:材料力学实验、理论力学实验、开放性实验。全书共分为七章,具体如下:

第一章、第二章和第三章为材料力学实验部分,主要介绍金属材料力学性能测定实验、电测技术及实验、材料力学设计性实验等内容。第一章金属材料力学性能测定实验主要介绍了低碳钢和铸铁两种常用的金属材料的力学性能的测定方法;第二章电测技术及实验主要介绍了应变片的原理、分类、粘贴方法和灵敏度系数的测定方法,以及静态电阻应变仪的原理、结构、使用方法和注意事项,为后续的材料力学设计性实验提供了电测技术的基础;第三章材料力学设计性实验介绍了一些具有设计性和创新性的材料力学实验,包括纯弯梁正应力测定实验、弯扭组合构件载荷识别实验、振动法测材料弹性模量、压杆稳定实验和基于 DIC 的应力集中测量实验等,旨在培养学生的工程设计思维和创新能力。

第四章和第五章为理论力学实验，主要介绍了一些理论力学的基础实验，包括静力学重心测量、理论力学模型演示、简谐振动幅值测量、单自由度系统强迫振动和自由衰减振动的幅频特性、固有频率和阻尼比的测量实验、简支梁和连续弹性体悬臂梁各阶固有频率及主振型的测量、主动隔振实验、被动隔振实验等，旨在加深学生对理论力学概念、原理和方法的理解和掌握。

第六章和第七章为基础力学开放性实验及演练，主要介绍了一些具有开放性和探究性的基础力学实验，包括筷子桥结构模型的强度和应力分析实验、纸张激光笔自制测力装置实验、环形测力传感器自制及受力分析实验、简易电子秤制备实验、金属弹性模量测定等，旨在激发学生的兴趣和好奇心，培养学生的动手能力和探究能力。

本书是基于重庆大学多年的基础力学实验教学教案及周培源力学竞赛培训项目整理而来的，主要用于理论力学、材料力学、工程力学等课程的实验，基础力学的专业实验、竞赛培训实验等。参与本书编写的人有：重庆大学的陈立明、聂书严、成天宝、杨昌棋、魏榛、姚建尧、万玲、刘浩、尹瑞森等。本书由陈立明负责主编并统筹安排分工，聂书严负责整理并完善教材内容，成天宝负责画图和内容校验。此外，理论力学的静力学重心测量由魏榛、尹瑞森提供初稿，简谐振动幅测量值由杨昌棋提供初稿，材料力学的压杆稳定实验由刘浩提供初稿，第三部分开放实验由聂书严提供初稿。其余内容的初稿由重庆大学力学实验教学示范中心教师聂书严、刘浩、尹瑞森、艾彦、祖正华、贺勤、江智平、邓传斌提供，陈立明教授的博士研究生方家昕、陈佳、云兆心负责第一章内容、文字、图标修改和校正，硕士研究生邓光辉、陈智霖、范航宇、倪鸿运、高翔、郑浩远等负责第二章和第三章内容、文字、图标的修改和校正。

本书根据高等院校力学、航空航天、机械、能源动力、安全、车辆、采矿等专业的需求编写，既适用于力学、机械、航空、车辆等多学时的实验教学，又适用于能源动力、安全、采矿等少学时的基础力学实验教学。此外，本书还加入了部分开放性实验项目，由聂书严从平日课程中总结而来，适用于力学专业的创新性实验开设、周培源力学团体赛的培训。

第三部分　开放性实验

目录

第一部分　材料力学实验

第二部分　理论力学实验

在编写本书时,我们以新工科创新人才培养为目标,努力引入最新的实验测试手段,提高基础力学实验教学的前沿性、创新性,开阔同学们的力学视野。限于编者的业务水平,难免还存在一些缺点和不足,希望使用本书的老师、同学和读者提出批评和指正,以提高本书质量。

本书的出版得到了"力学产教融合虚实一体化实践数学平台""力学重庆市及试验教学示范中心"平台的资助,同时也得到了"基于力学基础学科技尖创新人才培养的《材料力学》课程改革与探索(项目序号:243002)""基础力学实验数字教材建设与应用(项目编号:244007)""重庆大学航空航天学院基本性学科建设"项目的资助,在此表示感谢。

编　者

2024 年 1 月

第一部分

材料力学实验

第一章
金属材料力学性能测定实验

一、低碳钢和铸铁拉伸及性能测定实验

1. 实验目的

①测定 Q235 低碳钢的弹性模量 E、屈服极限 σ_s、抗拉强度极限 σ_b、断后伸长率 δ、断面收缩率 ψ；

②测定铸铁的抗拉强度极限 σ_b、断后伸长率 δ；

③观察低碳钢和铸铁拉伸过程中的变形情况；

④描述并分析低碳钢和铸铁试样断口特点；

⑤比较低碳钢和铸铁的力学性能。

2. 实验设备及仪器

涉及的主要实验设备如下：

①电子万能材料试验机；

②数字游标卡尺；

③电子引伸计；

④其他工具。

3. 主要设备简介

(1)电子万能材料试验机

电子万能材料试验机是一种用于测量材料的力学性能的仪器，可以进行拉伸、压缩、弯

曲、剪切等多种试验，如图 1.1（a）所示。电子万能材料试验机的主要部件有伺服电机、调速系统、减速系统、丝杠副、移动横梁、控制器和计算机系统。电子万能材料试验机上位机软件发送指令给运动控制卡，运动控制卡控制伺服电机控制器向伺服电机发送脉冲信号，电机每接收到一个脉冲信号，即可转动一定角度，电机的转动会通过减速变速箱将转动角度传动给精密丝杠副，精密丝杠副带动固定在中间的横梁上升、下降，实现试验机的位移加载，完成试样的拉伸、压缩、弯曲、剪切等多种力学性能试验。

电子万能材料试验机的优点是结构紧凑、操作简便、精度高、可靠性好、无污染、噪声低、效率高、维护保养费用低，且具有非常宽的调速范围和横梁移动距离。其可配置多种试验附具，只要更换附具，就可针对橡胶、塑胶、皮革、金属、织物、编织复合材料、纤维增强复合材料、常规机械构件等材料及结构开展拉伸试验、压缩试验、撕裂试验、拉剪切试验、三点弯曲试验、四点弯曲试验等。其在金属、非金属、复合材料及制品的力学性能试验方面，具有非常广阔的应用前景。

（2）数字游标卡尺

数字游标卡尺是一种测量长度、内外径的工具，可以显示出毫米和英寸两种单位。数字游标卡尺由主尺和游标组成，主尺的分度值为 1 mm，游标的分度值根据不同型号有 0.9、0.95 或 0.98 mm 等。数字游标卡尺的优点是读数方便、误差小、耐用。

（3）电子引伸计

电子引伸计是一种测量试件受力变形的传感器，如图 1.1（b）所示。其由弹性元件和粘贴在其上的应变片组成。当试件拉伸时，引起弹性元件变形并使应变片电阻值发生变化，输出一个正比于变形的电压信号，然后经过放大、转换，计算机获取放大的电压信号，并将其转换成变形或者应变。目前广泛使用的引伸计大多为应变片式的引伸计，其原理简单、安装方便、灵敏度高、精度高、重复性好。应变片式的引伸计内部是一个 U 形结构的弹性金属片，利用电测法的基本原理来获取数据。在 U 形结构的弹性金属片的受压部位粘贴 2 个应变片，受拉部位粘贴 2 个应变片，4 个应变片组成全桥，实现将位移/变形转化为弯曲应变，再由计算机将弯曲应变换算成刀口部位的位移。电子引伸计按测量对象划分，可分为轴向引伸计、径向引伸计、夹式引伸计。

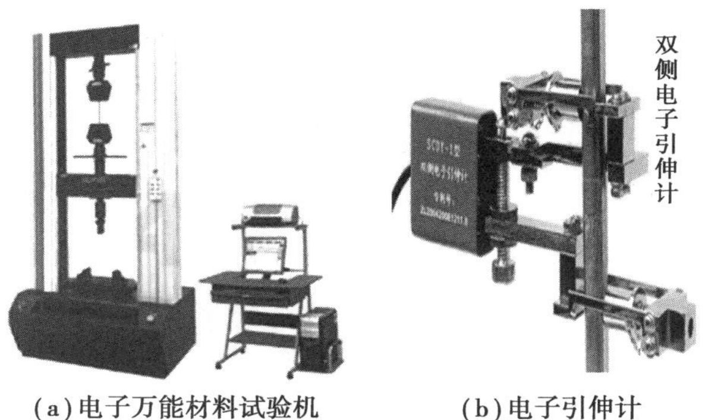

(a)电子万能材料试验机　　**(b)电子引伸计**

图 1.1　实验设备示例

轴向引伸计用于测量试件轴向的变形。径向引伸计用于检测标准试件径向收缩变形，可与轴向引伸计配合测定泊松比 μ。径向引伸计将径向变形（或横向某一方向的变形）转换成电量，再通过二次仪表测量、记录或控制另一设备。夹式引伸计用于检测裂纹张开位移。夹式引伸计是断裂力学实验中最常用的仪器之一，它较多用在测定材料断裂韧性实验中，精度高，安装方便，操作简单，试件断裂时，夹式引伸计能自动脱离试件，适合静、动变形测量。

4. 实验材料及试样

实验采用典型的塑性材料低碳钢 Q235 和脆性材料铸铁 HT100。两种材料的力学性能具有鲜明的特性，便于进行实验结果对比。根据（GB/T 228.1—2021）《金属材料　拉伸试验 第 1 部分：室温试验方法》，试样原始标距 l_0 与截面积 s_0 有下列关系：

$$l_0 = k\sqrt{s_0} \tag{1.1}$$

式中　k——比例系数，通常取 5.65 和 11.3。

在本实验中，低碳钢试样采用尺寸为：标距 $l_0 = 100$ mm，直径 $d_0 = 10$ mm；铸铁试件采用的尺寸为：标距 $l_0 = 50$ mm，直径 $d_0 = 10$ mm，如图 1.2 所示。

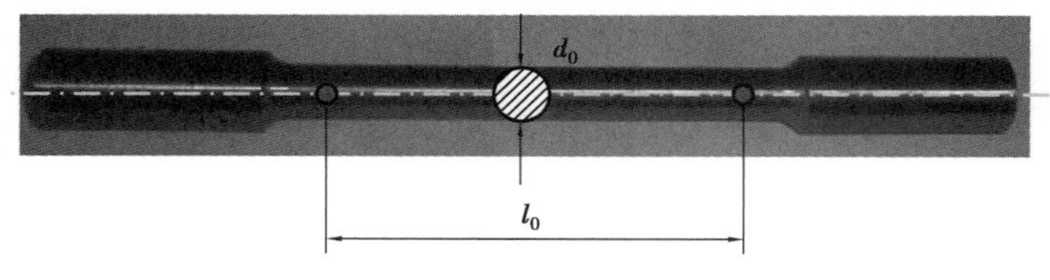

图 1.2　试验标准件示意图

5. 实验原理

（1）低碳钢拉伸

低碳钢是一种典型的塑性材料，其拉伸大致分为 4 个阶段，即弹性阶段、屈服阶段、强化阶段、局部变形阶段。从图 1.3 中可以测定低碳钢拉伸弹性模量 E、屈服载荷 F_s 以及最大载荷 F_b。

1）弹性阶段

从图 1.3 可得知，oa'段为弹性阶段，在弹性阶段，试件只有极小的变形。在这一阶段，试样的变形完全是弹性的，全部卸除荷载后，试样将恢复其原长。其中，在 oa 阶段，试件的力和变形成正比，完全遵守胡克定律。此阶段内可以测定材料的弹性模量 E。材料在外力作用下应变和应力成正比的最大值的点在 a'处，此处对应的最大应力为材料比例极限 σ_p。在 aa'阶段，仍是弹性形变，当撤去外力时还能恢复原长；当应力超过一定值，其不再是弹性形变时，这个值就是弹性极限，即 σ_e。

2）屈服阶段

bc 阶段为屈服阶段，在此阶段，试件变形有弹性变形，也有塑性变形。由于材料金属晶格间产生相对滑动，变形较快，试验机响应跟不上载荷变化，载荷会略有波动，形成 bc 段的锯齿形。锯齿形最高点为上屈服强度极限，但是由于其值不稳定，一般不作为强度指标。载荷首次下降的最低点也不作为强度指标，因为这是由初始瞬时效应引起的。将载荷首次下降的最低点之后的最低点处作为下屈服极限点，取其屈服极限点的力值屈服力 F_s，即可计算出屈服强度 σ_s，即

$$\sigma_s = \frac{F_s}{A_0} \tag{1.2}$$

式中　A_0——试样的初始横截面积。

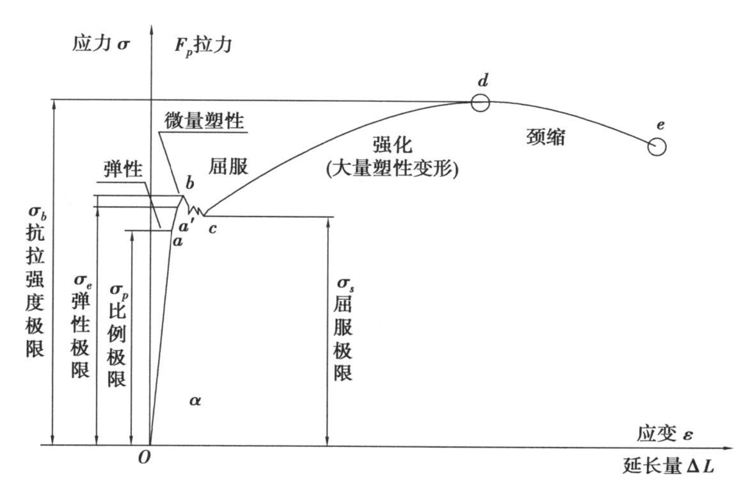

图 1.3　低碳钢拉伸图

某些材料，屈服时无锯齿状，而呈现平台状，这个平台称为屈服平台。

当材料屈服时，如果用砂纸打磨试件表面，会发现试件表面与轴线成45°斜纹。这是由于试件的45°斜截面上作用有最大切应力，这些斜纹是由于材料沿最大切应力作用面产生滑移所产生的，故称为滑移线。

3）强化阶段

低碳钢屈服后，曲线 cd 段呈现上升趋势，这说明材料的抗变形能力又增强了，这种现象称为应变硬化。

若在此阶段卸载，则卸载过程的力和变形曲线为一条与 oa 平行的斜线，其斜率与比例阶段的直线段斜率大致相等。当载荷卸载到零时，变形并未完全消失，应力减小至零时残留的变形，称为塑性变形。卸载完之后，立即再加载，则加载时的力和变形曲线与卸载时的重合。因此，如果将卸载后已有塑性变形的试样重新进行拉伸实验，其比例极限或弹性极限将得到提高，这一现象被称为冷作硬化现象。

在强化阶段，力和变形曲线存在一最高点，该最高点对应的力是试件所能承受的最大力 F_b，对应的强度即为材料的抗拉强度极限 σ_b，两者关系如下：

$$\sigma_b = \frac{F_b}{A_0} \tag{1.3}$$

因此，只须找到材料拉伸过程中的最大力值 F_b 和试样截面积 A_0，即可求出材料的抗拉强

度极限 σ_b。试样拉伸达到抗拉强度极限 σ_b 之前,在标距范围内的变形基本是均匀的。

4)颈缩阶段

de 阶段为材料的颈缩阶段。在颈缩阶段,随着试件变形,试件载荷减小,力—变形曲线呈现下降趋势。当应力增大至强度极限 σ_b 之后,试样某一个截面会随着变形增大不断减小,这一现象称为颈缩。随着试件颈缩的发生,截面积会不断缩小,直至颈缩处断裂。试件断口外围光滑,呈尖嘴状,是塑性变形区域,有 45°的剪切唇(被剪断),断口中部区域粗糙呈脆性断裂,如图 1.4 所示。

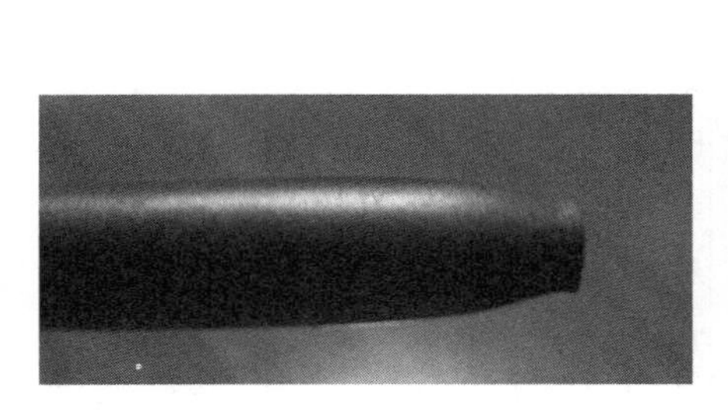
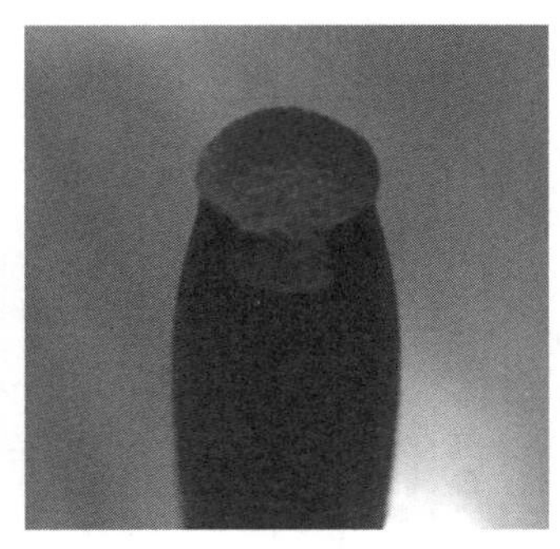

图 1.4　低碳钢断口

材料的塑性指标用断后伸长率 δ 和断面收缩率 ψ 表示。断面收缩率 ψ 反映试件截面的缩小情况,反映材料的塑性变形能力。其表达式为:

$$\psi=\frac{A_1-A_0}{A_0}\times 100\% \tag{1.4}$$

式中　A_1——试件断后颈缩处截面积;

A_0——试件初始截面积。

同样,断后伸长率 δ 也反映了材料的塑性变形能力,为试件断后的标距伸长量与试件标距的比值,即

$$\delta=\frac{l_1-l_0}{l_0}\times 100\% \tag{1.5}$$

式中　l_1——断后试件标距长度;

l_0——试件原始长度。

一般认为,断后伸长率 δ、断面收缩率 ψ 越大,材料的塑形就越好。一般将断后伸长率大于 5% 的材料称为塑性材料,小于 5% 的称为脆性材料。

值得注意的是,上面提到的材料的屈服强度 σ_s、强度极限 σ_b 均使用 F/A_0 求得,这里的 A_0 为试件初始截面积。但是,由于材料在拉伸过程中,试样标距会被拉长,相应的截面积会变小,会导致试样在拉伸过程中,承受的实际应力比 F/A_0 计算出的应力大。因此,我们将 F/A_0 计算出来的应力称为名义应力。试样截面积减小后的值为 A_1,则用 F/A_1 求得的应力为真实应力。这个减小后的截面积 A_1 值需要用到径向引伸计来测定。径向引伸计可测定试样实时的截面直径。拉伸实验中我们得到名义应力-应变曲线,能够很方便地在工程上直接使用,因

此名义应力-应变曲线也称为工程应力-应变曲线。而真实应力-应变曲线主要用于有限元仿真计算等。

5）低碳钢拉伸的弹性模量测定

低碳钢在拉伸的弹性阶段 oa 中完全遵守胡克定律，因此拉伸弹性模量的测定应该在此阶段进行。值得注意的是，基于拉伸实验中获取的力-位移曲线在弹性阶段是不能够用于计算材料的弹性模量的。因为，试验机获取的力-位移曲线中的位移值是通过伺服电机发送的脉冲数换算得到的，这个位移值包含了实验测试时试验机机架产生的变形，试验机夹头和试样间的间隙，而且无法被去除。因此，直接拿试验机获取的力-位移曲线来计算弹性模量是不准确的，这种方法计算出的弹性模量要比材料实际弹性模量小得多，并且取决于试验机的刚度。要想获得准确的弹性模量，需要用到轴向引伸计。

轴向引伸计能够测量试样标距内一段的变形量，能够实时精确计算出拉伸过程中试样的引伸计标距段内的应变值。轴向电子引伸计有单侧电子引伸计、双侧电子引伸计两种。单侧电子引伸计能够测量试件某一侧的平均应变。双侧电子引伸计夹持方式如图 1.5 所示，能够排除试件加工不均匀、微小弯曲造成的试件两侧的应变不一致的情况，能够测量两侧的平均应变。

图 1.5　双侧电子引伸计夹持方式

利用轴向电子引伸计可以获取试件在弹性阶段的力和在引伸计标距段的变形曲线，如图 1.6 所示。

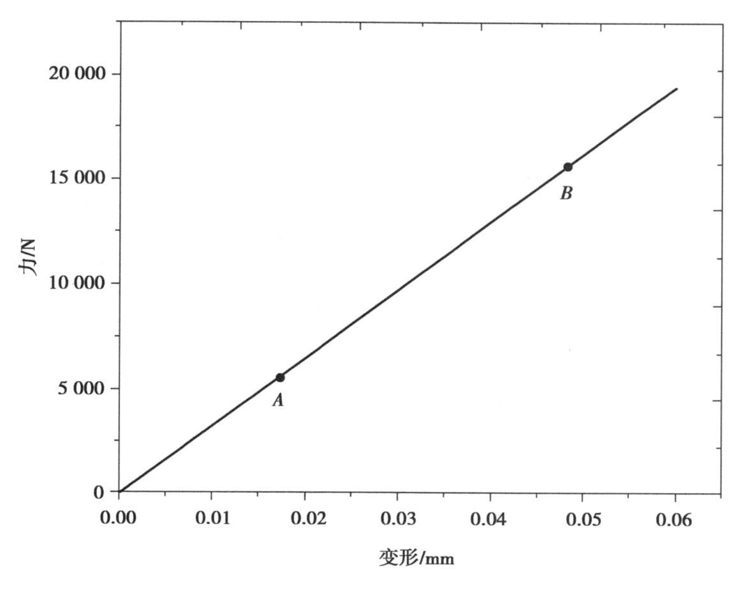

图 1.6　力-变形曲线

在图 1.6 中的力-变形曲线上找到距离原点 20% ~80% 的曲线段，如图 1.6 点 A 和点 B 所示。找到 A 点、B 点对应的力坐标值 F_A、F_B 和变形坐标值 ΔL_A、ΔL_B。已知引伸计标距

为 $l_0^{引}$，试件截面积 A_0，则可以计算材料拉伸的弹性模量 E 为：

$$E=\frac{\sigma}{\varepsilon}=\frac{(F_B-F_A)/A_0}{(\Delta L_B-\Delta L_A)/l_0^{引}}=\frac{(F_B-F_A)l_0^{引}}{(\Delta L_B-\Delta L_A)A_0} \tag{1.6}$$

(2)铸铁拉伸

铸铁拉伸曲线与低碳钢拉伸曲线相比，没有明显的阶段区分。拉伸的力-位移曲线呈现一条凸型线，随着位移增加，力值无减小趋势，如图1.7所示。铸铁拉伸到最大力时，材料断裂，对应的应力为铸铁的抗拉强度极限 σ_b，即

$$\sigma_b=\frac{F_b}{A_0} \tag{1.7}$$

铸铁为脆性材料，无明显屈服现象。一般规定以产生0.2%残余变形的应力值为其屈服极限 $\sigma_{0.2}$，称为条件屈服极限或屈服强度。具体取值方法如图1.8所示。

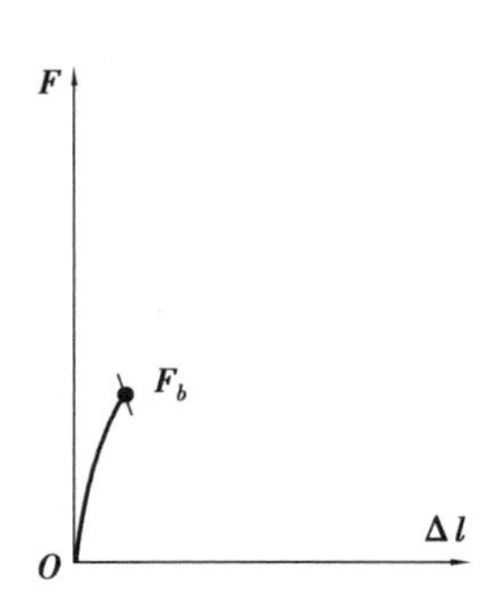

图1.7　铸铁拉伸曲线

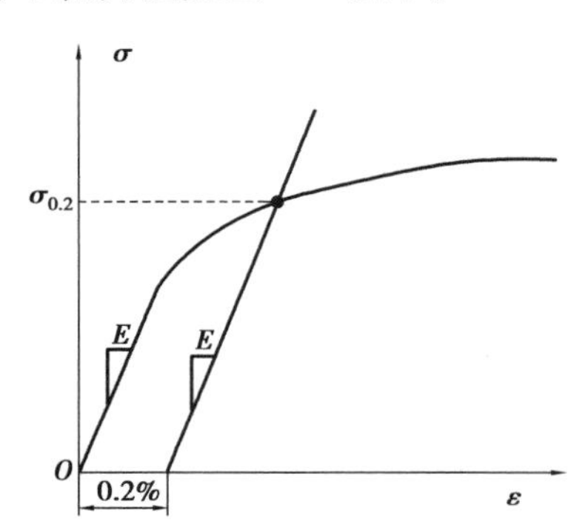

图1.8　脆性材料屈服极限

铸铁断口处截面积无明显减小，没有颈缩现象，断口呈凹凸不平颗粒状，整个断面大约与试样轴线垂直，没有颈缩现象，是典型的脆性断裂。

(3)试件破坏形式及断口移中处理

试件加工的粗糙度不同、试件内有缺陷等原因都会导致试件断裂不在正中心。拉伸试件典型断裂形式如图1.9所示。

第1至第4种断裂方式中，第1种和第2种断口在试件标距内，第3种和第4种断口在试件标距外。一般认为第3种和第4种断裂是无效的，即实验失败。这两种断裂方式主要是试件加工工艺不好、加工不标准或者材料存在缺陷等情况导致的。出现第3种断裂方式大概率是因为试样加工时，试样平行段与加持段的过渡弧面加工角度锐利，没有很好过渡。第1种断裂位置为理想位置，一般无缺陷的标准加工试件都会在此处断裂。第2种断裂位置在标距范围内，但是没有在标距的中心位置，一般是加工粗糙度大、试件表面不光滑、试验机对中性不好导致的。通常认为，当断口非常靠近试件两端，而与试件头部的距离等于或小于直径的两倍时，试验结果无效，需要重新试验。

从破坏后的低碳钢试件及图1.9可以看到，各处的残余变形不是均匀分布的，越近断口(颈缩)处，伸长越多。因此测得断后标距 l_1 的数值与断口的部位有关。若试件断口不在标

距中间1/3范围内，应按国家标准（GB/T 228.1—2021）《金属材料　拉伸试验　第1部分：室温试验方法》的规定采用断口移中的办法计算 l_1 的长度。试验前要在试件标距内等分画10个格子。试验后，将试件对接在一起，以断口为起点 O，在长段上取基本等于短段的格数得 B 点。计算 l_1 方法如下：

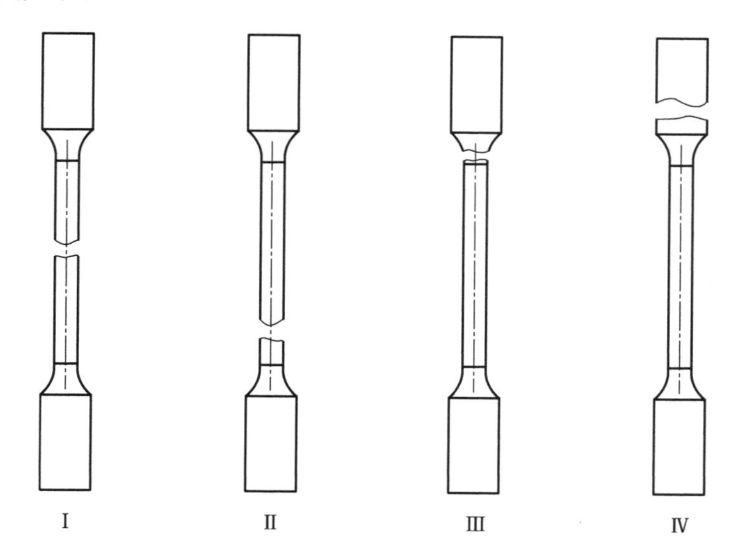

图1.9　拉伸试件典型断裂形式

①当长段所余格数为偶数时，如图1.10所示，则量取长段所余格数的一半，得 C 点，将 BC 段长度对称到试件左端，则移后的断后标距 l_1 为：

$$l_1 = AO + OB + 2BC \tag{1.8}$$

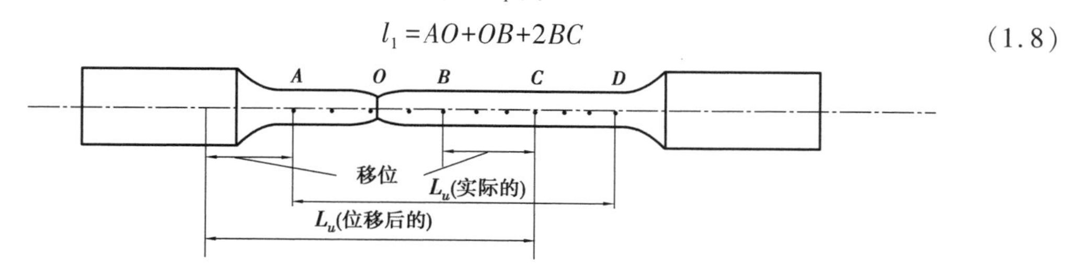

图1.10　偶数余格

②当在长段上所余格为奇数时，如图1.11所示，则在长段上所余格数减1的一半，得 C 点，再由 C 点向后移一格得 C_1 点。则移位后的断后标距 l_1 为：

$$l_1 = AO + OB + BC + BC_1 \tag{1.9}$$

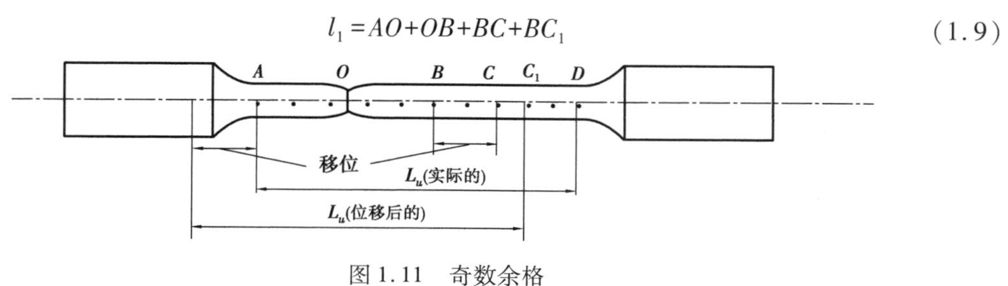

图1.11　奇数余格

当断口非常靠近试件两端，而与其头部的距离等于或小于直径的 2 倍时，一般认为试验结果无效，需要重新试验。

6. 实验步骤

①测定试样原始最小直径 d_0，原始标距 l_0 用游标卡尺在试样两端及中间 3 处两个相互垂直方向上测量直径，并取算术平均。

②装夹试样，启动试验机，进行加载，测定低碳钢拉伸时的屈服力 F_s 及最大力 F_b；测定铸铁拉伸最大力 F_b。值得注意的是：低碳钢要测定弹性模量，需要安装轴向电子引伸计，并在拉伸至材料屈服后取下。

③测定低碳钢的弹性模量 E。

④测定试样断后缩颈处最小直径 d_1，断后标距 l_1。

⑤取下试样，观察并描述试样破坏后断口特征并分析破坏原因。

7. 实验原始数据

(1)低碳钢拉伸数据表格

1)低碳钢试件尺寸测量(表 1.1)

表 1.1　数据记录表：实验尺寸

低碳钢	原始标距 l_0	中部原始直径 0°	中部原始直径 90°	上端原始直径 0°	上端原始直径 90°	下端原始直径 0°	下端原始直径 90°
Q235							
计算原始直径 d_0							

2)低碳钢实验测试数据(表 1.2)

表 1.2　数据记录表：测试数据

断后最小直径 0°	断后最小直径 90°	计算断后最小直径 d_1	断后标距 l_1	下屈服力 F_s	最大力 F_b
断口描述					

3)测量低碳钢弹性模量 E 实验数据(表 1.3)

表 1.3　数据记录表：实验数据

m 点的力值 F_m	n 点的力值 F_n	两点力的差值 ΔF_p	m 点的变形 l_m	n 点的变形 l_n	两点变形差值 Δl_p

(2)铸铁拉伸实验数据

1)铸铁试件尺寸测量(表 1.4)

表 1.4　数据记录表:实验尺寸

铸铁	原始标距 l_0	中部原始直径 0°	中部原始直径 90°	上端原始直径 0°	上端原始直径 90°	下端原始直径 0°	下端原始直径 90°
HT100							
计算原始直径 d_0							

2)铸铁实验测试数据(表 1.5)

表 1.5　数据记录表:实验数据

铸铁	断后标距 l_1	最大力 F_b	断口描述
HT100			

8. 实验结果处理方法

根据实验测定的数据,可分别计算出低碳钢和铸铁拉伸力学性能指标。

(1)低碳钢的直径 d_0 计算方法

用游标卡尺在试样两端及中间 3 处两个相互垂直方向上测量直径,并取其算术平均值,即为该位置的原始直径,然后获得 3 个直径均值的最小值(GB/T 228.1—2021)《金属材料　拉伸试验　第 1 部分:室温试验方法》,即为低碳钢的直径 d_0。

(2)低碳钢的下屈服强度(或屈服极限 σ_s)

$$\sigma_s=\frac{F_s}{A_0} \tag{1.10}$$

(3)低碳钢和铸铁的抗拉强度(或强度极限 σ_b)

$$\sigma_b=\frac{F_b}{A_0} \tag{1.11}$$

(4)低碳钢断面收缩率 ψ

$$\psi=\frac{A_1-A_0}{A_0}\times 100\% \tag{1.12}$$

式中　A_1——试件断后紧缩处截面积,通过断紧缩最小直径 d_1 计算得到;

A_0——试件初始截面积。

低碳钢和铸铁的断后伸长率 δ:

$$\delta=\frac{l_1-l_0}{l_0}\times 100\% \tag{1.13}$$

9. 试验报告书写要求

①书写端正、整洁；
②图表规范、可自行设计；
③标注正确、全面；
④实验原理既要有文字叙述，又要有图示；
⑤仪器设备既要有文字叙述，又要有系统框图；
⑥报告既要有结论，又要有误差分析；
⑦比较低碳钢和铸铁材料拉伸力学性能并绘出断口示意图；
⑧实验数据记录既要有原始数据，又要有曲线图和断口图；
⑨有好的建议和要求可以提出。

二、低碳钢和铸铁的压缩实验

1. 实验目的

①测定低碳钢压缩时的屈服极限 σ_s；
②测定铸铁压缩时的抗压强度极限 σ_b；
③观察并比较低碳钢和铸铁在压缩时的缩短变形和破坏现象，分析其破坏原因。

2. 实验设备及仪器

①电子万能材料试验机（设备简介详见第一章第一节）；
②游标卡尺。

3. 实验材料及试样

本实验选取典型的塑性材料低碳钢，标号为 Q235，典型的脆性材料铸铁，标号为 HT100，作为实验材料。低碳钢和铸铁类金属材料，按照（GB/T 7314—2017）《金属材料　室温压缩试验方法》的规定，金属材料的压缩试样多采用圆柱体如图 1.12 所示。当测定材料的压缩屈服强度，规定非比例压缩应力等时，试样的高度 h_0 一般为直径 d_0 的 2.5 ~ 3.5 倍，其直径 d_0 = 10 ~ 20 mm。当测定试样的抗压强度时，试样高度 h_0 一般为直径 d_0 的 1 ~ 2 倍。也可采用正方形柱体试样如图 1.13 所示。要求试样端面应尽量光滑，以减小摩阻力对横向变形的影响。

本实验采用的试样直径为 10 mm。低碳钢主要测定屈服强度，高度设置为 25 mm；铸铁主要测定抗压强度，高度设置为 15 mm。

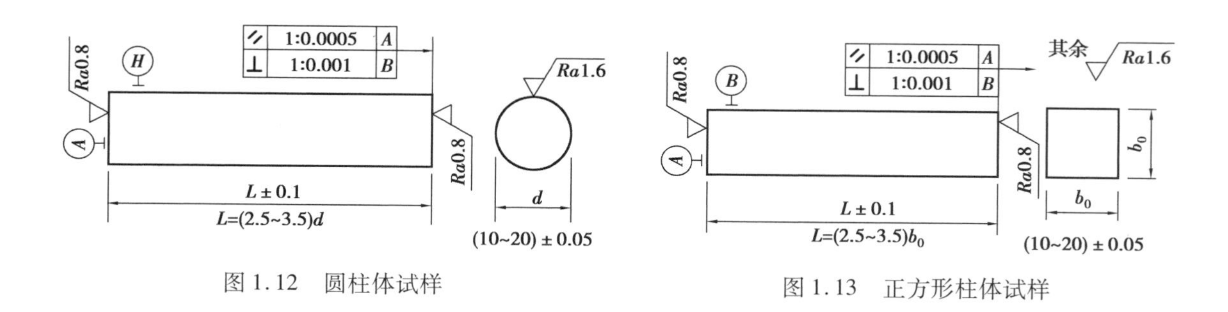

图 1.12　圆柱体试样　　图 1.13　正方形柱体试样

4. 实验原理

(1)低碳钢压缩实验

以低碳钢为代表的塑性材料,轴向压缩时会产生很大的横向变形。但由于试样两端面与试验机支承垫板间存在摩擦力,约束了这种横向变形,因此试样出现显著的鼓胀效应,如图 1.14 所示。为了减小鼓胀效应的影响,通常的做法是除了将试样端面制作得光滑之外,还可在端面涂上润滑剂以最大限度地减小摩擦力。

低碳钢试样的压缩曲线如图 1.15 所示。由于试样越压越扁,横截面面积不断增大,试样抗压能力也随之提高,因此曲线是持续上升的。从压缩曲线上可看出,塑性材料受压时在弹性阶段的比例极限、弹性模量和屈服阶段的屈服点(下屈服强度)同拉伸时基本相同。但压缩试验过程中到达屈服阶段时不像拉伸试验时那样明显,因此要认真仔细观察才能确定屈服荷载 F_s,从而得到压缩时的屈服点强度(或下屈服强度)σ_s:

$$\sigma_s = F_s / A_0 \tag{1.14}$$

式中　A_0——试样截面积。

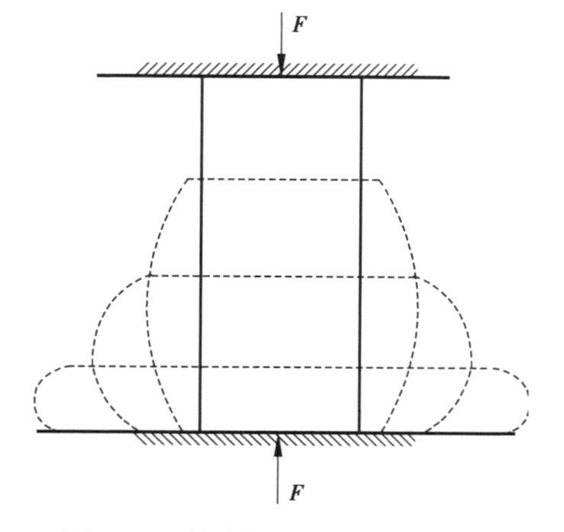

图 1.14　低碳钢压缩时的鼓胀效应

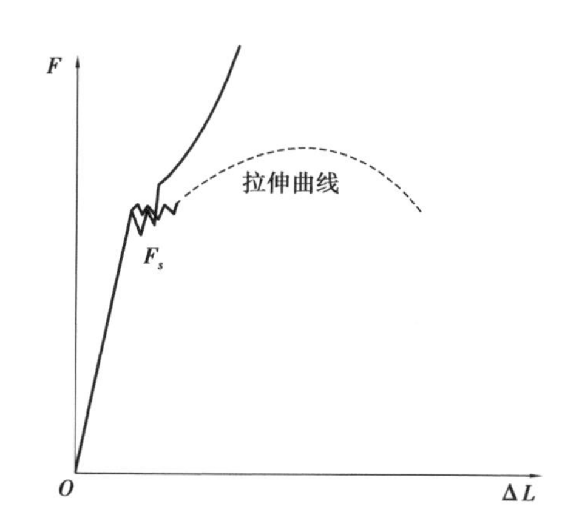

图 1.15　低碳钢试样的压缩曲线

由于低碳钢类塑性材料延展性非常好,不会发生压缩破裂,因此一般不测定其抗压强度极限 σ_b。一般来说,材料的承载是有极限的。但是在低碳钢试样的压缩曲线中,如图 1.15 所示,随着变形的增加,力值不断变大,这并不代表低碳钢材料可以无限承载。力值不断变大是由于低碳钢的截面积增大，而实际试样的应力增加不大或者不增加。如果想验证这一点，将工程应力-应变曲线计算为真实应力-应变曲线即可看出。

(2)铸铁压缩实验

对铸铁类脆性金属材料，压缩实验时利用计算机控制软件可绘出如图1.16所示的铸铁试样压缩曲线，由于轴向压缩塑性变形较小，呈现出上凸的光滑曲线，压缩图上无明显直线段，无屈服现象，压缩曲线较快达到最大压力 F_b，试样就突然发生破裂。将压缩曲线上最高点所对应的压力值 F_b 除以原试样横截面面积 A_0，即得铸铁抗压强度 σ_b：

$$\sigma_b = F_b/A_0 \tag{1.15}$$

在压缩实验过程中，当压应力达到一定值时，试样在与轴线呈45°～55°的方向上发生破裂，如图1.17所示。这是由于铸铁类脆性材料的抗剪强度远低于抗压强度，从而使试样被剪断。

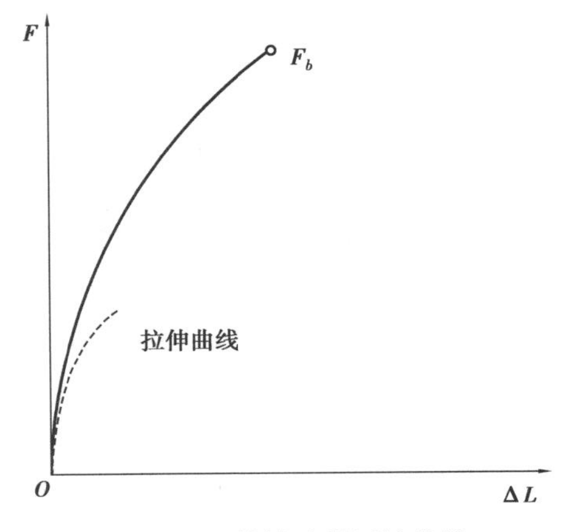

图1.16　铸铁试样压缩曲线

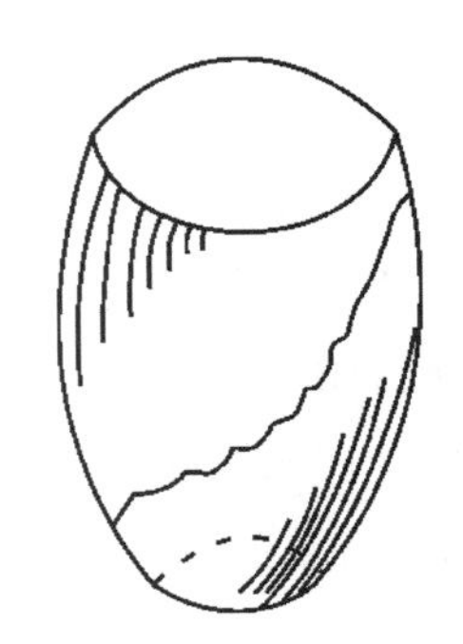

图1.17　铸铁压缩破坏示意图

5. 实验步骤

①用游标卡尺在试样两端及中间3处两个相互垂直方向上测量直径，并取其算术平均值。选用3处中的最小直径作为试样直径 d_0 来计算原始横截面面积 A_0；并测量试样原始高度 h_0 的值。

②开启电脑电源、控制器开关、油泵开关打开实验机软件。

③利用试验机手柄将试验机上压头调至距离下压头100～200 mm处。

④将试样端面涂上润滑剂后，再将其准确地置于试验机活动平台的支承垫板中心处。对上下承压垫板的平整度，要求达到0.01 mm/100 mm。设置限位保护，将限位杆上的挡圈调整至合适位置。

⑤打开实验控制软件，选择实验方案（低碳钢/铸铁压缩实验），查看曲线（力—位移曲线），设置曲线状态（细曲线、粗曲线均可），并设置好用户参数。载荷清零。

⑥采用手动操作模式，调整好试验机压头间距，当试样端面接近上承压垫板时，停止手动操作模式。

⑦采用电脑程序控制加载模式，开始缓慢、均匀加载。在加载实验过程中，其实验速度总的要求应是缓慢、均匀、连续地进行加载，具体规定速度为 2 mm/min。

⑧对于低碳钢试样，若将试样压成鼓形即可停止实验。对于铸铁试样，加载到试样破裂时应立即停止实验，以免试样进一步被压碎。

⑨做铸铁试样压缩时，注意在试样周围安放防护网，以防试样破裂时碎渣飞出伤人。

⑩记录实验数据。检查实验结果后，依次退出实验软件、关闭控制器、关闭实验机主机，清理实验现场。

注意：

①请尽量将试件放在支承垫板的中心位置，如放偏会对实验结果甚至实验机产生影响。

②请小心调节横梁，当横梁接近时应采用慢上慢下键调节，以免速度过快不小心损坏力传感器。

③取放试样时，动作要迅速，不要将手停留在压头中间过久，以免造成事故。

6. 实验数据记录

(1)低碳钢压缩数据表格

1)低碳钢试件尺寸测量(表 1.6)

表 1.6 数据记录表：实验尺寸

低碳钢	试样高度 h_0	中部原始直径 0°	中部原始直径 90°	上端原始直径 0°	上端原始直径 90°	下端原始直径 0°	下端原始直径 90°
Q235							
计算原始直径 d_0							

2)低碳钢实验测试数据(表 1.7)

表 1.7 数据记录表：测试数据

低碳钢	h_0/d_0	横截面积 A_0	屈服载荷 F_s	断口描述
Q235				

(2)铸铁压缩实验数据

1)铸铁试件尺寸测量(表 1.8)

表 1.8 数据记录表：实验尺寸

铸铁	试样高度 h_0	中部原始直径 0°	中部原始直径 90°	上端原始直径 0°	上端原始直径 90°	下端原始直径 0°	下端原始直径 90°
HT100							
计算原始直径 d_0							

2)铸铁实验测试数据(表1.9)

表1.9 数据记录表:实验数据

铸铁	强度载荷 F_b	断口描述
HT100		

7. 实验结果处理方法

根据实验测定的数据,可分别计算出低碳钢和铸铁的强度性能指标,并按前述压缩实验中的规定进行修约。

(1)低碳钢的下屈服强度(或屈服极限 σ_s)指标

$$\sigma_s = \frac{F_s}{A_0} \tag{1.16}$$

(2)铸铁的抗压强度指标

$$\sigma_b = \frac{F_b}{A_0} \tag{1.17}$$

8. 试验报告书写要求

①书写端正、整洁;
②图表规范、可自行设计;
③标注正确、全面;
④实验原理既要有文字叙述,又要有图示;
⑤仪器设备既要有文字叙述,又要有系统框图;
⑥报告既要有结论,又要有误差分析;
⑦比较低碳钢和铸铁材料压缩力学性能并绘出断口示意图;
⑧实验数据记录既要有原始数据,又要有曲线图和断口图;
⑨有好的建议和要求可以提出。

三、低碳钢和铸铁扭转破坏实验

1. 实验目的

①测定低碳钢剪切屈服极限 τ_s、剪切强度极限 τ_b;
②测定铸铁的剪切强度极限 τ_b;
③观察比较和分析以上两种材料在扭转时的变形和破坏现象。

2. 实验设备和仪器

①微机控制扭转试验机；
②0.02 mm 游标卡尺；
③低碳钢和铸铁圆形扭转试件。

3. 主要设备简介

微机控制扭转试验机（图 1.18）是用于金属、复合材料、塑料等材料的扭转角度、扭矩、扭转强度等扭转性能测试的设备。该设备主要包含主机、传动系统、测量控制系统等。主机一般采用卧式结构，试样夹持在主机的两个夹头上。为调整实验空间，主机的夹头一端可在下部的滚珠轴承上来回移动，此端安装有扭矩传感器，用于实验中的扭矩测量；另一端夹头连接变速箱，变速箱与交流伺服电机相连，施加动力。交流伺服电机和驱动器相连，电机驱动器连接运动控制卡，受上位机软件的控制。这样的控制方式可保证试验过程的宽范围速度连续调节和均匀加载。试验机上的扭矩传感器可正反两方向测量扭矩；扭转角的输出是通过交流伺服电机脉冲信号换算得到的。上位机软件能够对数据采集并处理，将处理后的曲线直观地在计算机屏幕上显示出来。测量控制系统由高精度双向对称性扭矩传感器、稳压电源、测量放大器、A/D 转换等组成。扭转试验机需符合（JJG 269—2006）《扭转试验机检定规程》，金属扭转试验测试需符合国家标准（GB/T 10128—2007）《金属材料　室温扭转试验方法》。

图 1.18　微机控制扭转试验机

4. 实验材料及试样

本试验的材料为低碳钢和铸铁，型号分别为 Q235 和 HT100。根据国家标准（GB/T 10128—2007）《金属材料　室温扭转试验方法》的规定，金属扭转试验所使用的试样截面为圆形，推荐采用直径 d_0 为 10 mm，低碳钢和铸铁的标距 l_0 分别为 50 mm 和 100 mm，平行长度 l 分别为 70 mm 和 120 mm 的试样。如果采用其他直径的试样，其平行长度应为标距 l_0 加上两倍的直径 d_0。为防止打滑，扭转试样的夹持段宜为类矩形或者削面处理，如图 1.19 所示。

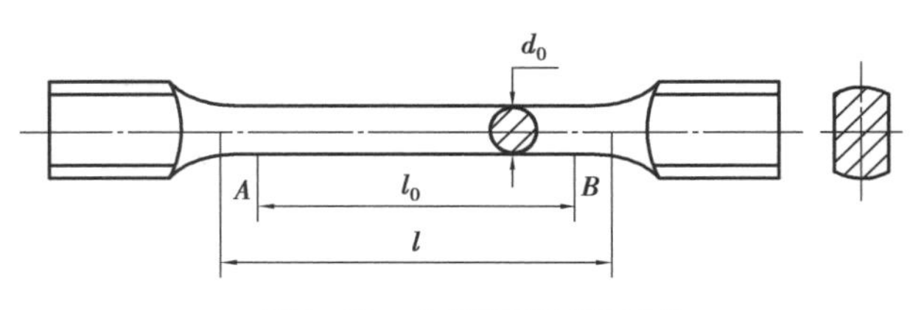

图 1.19　金属扭转试验试件

5. **实验原理**

工程中有许多承受扭转变形的构件，了解材料在扭转变形时的力学性能，对于构件的合理设计和选材是十分重要的。材料在扭转变形下的力学性能可通过实验来测定，材料的扭转实验是材料力学实验中最基本、最典型的实验之一。

在进行扭转实验时，试样两夹持端分别安装在扭转试验机的固定夹头和活动夹头中，开启试验机，试件便受到扭转载荷，试件本身也随之产生扭转变形。这时，从试验机上可读出扭矩 T 和对应的扭转角 φ。通过上位机可绘出该试样的扭矩 T 与扭转角 φ 的关系曲线图，一般 φ 是试验机两夹头之间的相对扭转角。

(1)低碳钢扭转破坏实验

对低碳钢试样进行扭转实验时，通过试验机的配套软件，我们可绘出该试样在整个扭转过程中的扭矩 T 与扭转角 φ 的关系曲线，如图 1.20 所示。低碳钢在整个扭转过程中经历了弹性、屈服、强化、断裂 4 个阶段。在弹性阶段 OA 直线段，材料服从切变胡克定律，即材料的切应力 τ 与切应变 γ 成正比。在屈服阶段 AB 曲线段，由于材料本身的差异，分两种情况来读屈服点所对应的扭矩 T_S。

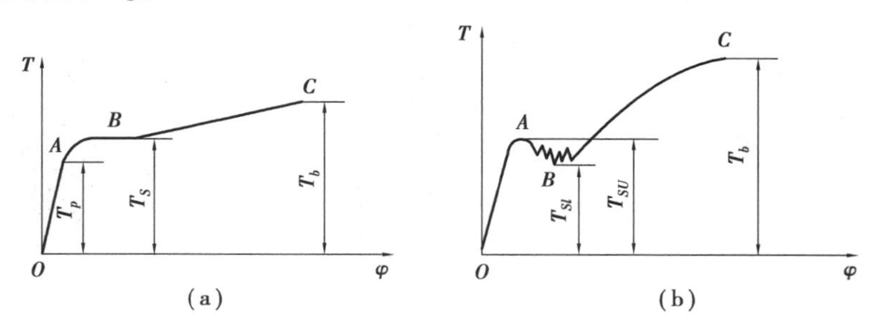

图 1.20　低碳钢扭转实验 T-φ 曲线

①当屈服阶段图形为水平线时，试验机扭矩测定值首次出现扭矩不增加(保持恒定)，而扭转角增加时的扭矩为屈服扭矩 T_S，如图 1.20(a)所示。

②当屈服阶段图形为锯齿形状时，扭矩测定值显示呈现波动曲线，此时首次下降(回转)前的扭矩为上屈服扭矩 T_{SU}，而在屈服阶段中最小扭矩为下屈服扭矩 T_{Sl}，如图 1.20(b)所示。

在强化阶段 BC 曲线段，这时试样随着扭转变形的增加，扭矩继续增加，直至扭断。试件扭断后，扭矩测定曲线中的最大值即为试样扭断前所承受的最大扭矩 T_b。根据(GB/T 10128—2007)《金属材料　室温扭转试验方法》的规定，用测出的屈服扭矩 T_S 或下屈服扭矩

T_{Sl}，按弹性扭转公式计算剪切屈服极限，即屈服点或下屈服点：

$$\tau_S=\frac{T_S}{W}\text{或}\ \tau_{Sl}=\frac{T_{Sl}}{W} \tag{1.18}$$

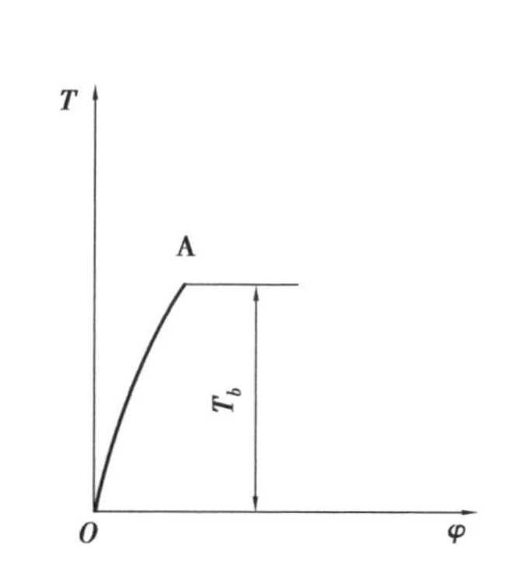

图 1.21　铸铁扭转实验 T-φ 曲线

式中　W——抗扭截面系数。

同时，用测出的最大扭矩，按弹性扭转公式计算抗扭强度：

$$\tau_b=\frac{T_b}{W} \tag{1.19}$$

（2）铸铁扭转破坏实验

在对铸铁试样进行扭转实验时，同样可通过试验机上的计算机绘出扭矩 T 与扭转角 φ 的关系曲线，如图 1.21 所示。从图 1.21 中可以看出，铸铁试样从开始受扭直至破坏，近似一条平滑直线，它无明显屈服现象，且扭转变形小。同时，破坏是突然发生的，断口形状为与试样轴线约成 45°的螺旋面。从试验机电脑上读出最大扭矩 T_b，按弹性公式计算抗扭强度：

$$\tau_b=T_b/W \tag{1.20}$$

6. 实验步骤

①分别测量两种材料试样的原始直径和标距。

②开关扭转到“开”位，打开试验机；按“对正”按钮，调整夹头到对正位置。

③安装试样，将试件一端夹持段完全夹持到试验机夹头内，同时拧紧两侧夹持螺栓，夹紧试件一端。

④启动实验控制软件，将扭矩和扭角清零。

⑤对称夹持试件另一端，拧紧螺栓，夹紧试件。用粉笔在低碳钢试件沿轴线画一条直线，以便观察试样受扭时的变形。

⑥单击软件右侧黄色三角形按钮，开始加载。

⑦试件扭断后，点击圆形停止按钮，选择单图，低碳钢勾上屈服扭矩、最大扭矩、特征描述，铸铁勾上最大扭矩、特征描述。

⑧按住空格键，点击鼠标左键，将曲线图拖至屏幕中间，记录所需的扭矩和扭角。

⑨在低碳钢扭转曲线的弹性范围内取两点，得到这两点的扭矩和扭转角，求得扭矩增量和相应的扭转角增量。

⑩取出试件，观察并分析扭转破坏断口，描述断口特征，绘出断口示意图。

⑪关闭试验机和电脑，将现场清理复原。

7. 实验数据记录

(1)低碳钢扭转数据表格

1)低碳钢试件尺寸测量(表1.10)

表1.10 数据记录表:实验尺寸

低碳钢	原始标距 l_0	中部原始直径 0°	中部原始直径 90°	上端原始直径 0°	上端原始直径 90°	下端原始直径 0°	下端原始直径 90°
Q235							
计算原始直径 d_0							

2)低碳钢实验测试数据(表1.11)

表1.11 数据记录表:测试数据

低碳钢	屈服扭矩	最大扭矩	总扭转角	断口描述
Q235				

(2)铸铁扭转实验数据

1)铸铁试件尺寸测量(表1.12)

表1.12 数据记录表:实验尺寸

铸铁	原始标距 l_0	中部原始直径 0°	中部原始直径 90°	上端原始直径 0°	上端原始直径 90°	下端原始直径 0°	下端原始直径 90°
HT100							
计算原始直径 d_0							

2)铸铁实验测试数据(表1.13)

表1.13 数据记录表:测试数据

铸铁	最大扭矩 T_b	总扭转角 φ	断口描述
HT100			

8. 实验结果处理方法

根据已测出的低碳钢和铸铁的扭矩,按下面的弹性公式计算剪切应力:

$$\tau = \frac{T}{W} \tag{1.21}$$

式中　T——扭矩；

W——抗扭截面系数，针对圆截面，抗扭截面系数为：

$$W = \frac{\pi D^3}{32} \tag{1.22}$$

低碳钢的剪切屈服强度：

$$\tau_S = \frac{T_S}{W} \tag{1.23}$$

低碳钢和铸铁的剪切强度：

$$\tau_b = \frac{T_b}{W} \tag{1.24}$$

低碳钢和铸铁单位扭转角：

$$\theta = \frac{\varphi}{l_0} \tag{1.25}$$

9. 试验报告书写要求

①书写端正、整洁；

②图表规范、可自行设计；

③标注正确、全面；

④实验原理既要有文字叙述，又要有图示；

⑤仪器设备既要有文字叙述，又要有系统框图；

⑥报告既要有结论，又要有误差分析；

⑦比较低碳钢和铸铁材料扭转力学性能并绘出断口示意图；

⑧实验数据记录既要有原始数据，又要有曲线图和断口图；

⑨有好的建议和要求可以提出。

10. 思考题

①低碳钢拉伸和扭转的断口形状是否一样？分析其破坏原因。

②铸铁在受压和受扭时，其断口都在与试样轴线约成45°方向。问铸铁在分别承受上述两种载荷时的破坏原因是否相同？

③根据拉伸、压缩、扭转3种试验结果，综合分析低碳钢和铸铁这2种典型材料的力学性能。

四、低碳钢剪切模量测定

1. 实验目的

①测定低碳钢材料的剪切模量 G,并验证剪切胡克定律;
②掌握扭角计的基本原理及使用方法。

2. 实验设备及仪器

①微机控制扭转试验机(设备简介见第一章第三节);
②扭角计;
③0.02 mm 游标卡尺。

3. 主要设备简介

扭角计是一种专门测定剪切模量的一种传感器,其种类繁多,有千分表式、编码器式等。本实验采用编码器式的扭角仪,如图 1.22 所示。编码器式的扭角仪能够无限扭转,能测出材料扭转的全段剪切应力-应变曲线,相比其他扭角仪具有明显优势。其主要由 2 个光电编码器、2 组机械圆盘组成,机械圆盘上有固定螺丝,可将机械圆盘固定在试样上。安装在试样上的两个圆盘的距离为扭角计标距,可通过辅助垫块,保证每次安装的距离为标距值。然后将编码器的 2 个橡胶轮放置在机械圆盘外径上,实现试样转动、编码器随动的效果,再通过换算关系,得到试样标距段的精确扭转角度。

图 1.22　扭角计

4. 实验材料及试样

根据国家标准（GB/T 10128—2007）《金属材料　室温扭转试验方法》的规定，金属扭转试验所使用的试样截面为圆形，推荐采用直径 d 为 10 mm，标距 l_0 为 100 mm，平行长度 l 为 120 mm 的试样。为防止打滑，扭转试样的夹持段宜为类矩形，如图 1.23 所示。

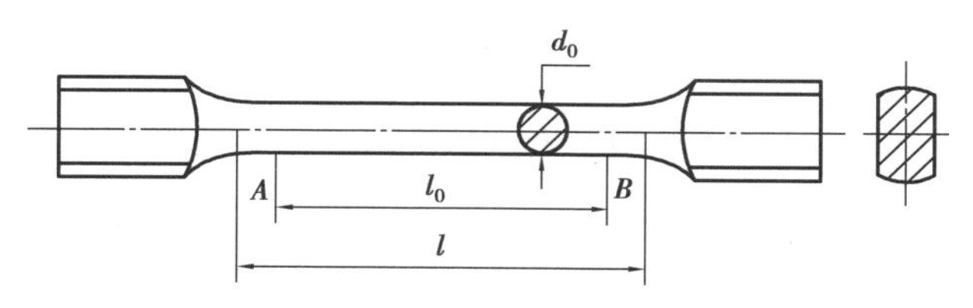

图 1.23　低碳钢扭转试验试件

5. 实验原理

（1）剪切模量测定原理

低碳钢发生扭转变形时，当最大剪应力在比例极限以内时，符合胡克定律。标准的低碳钢扭转实验中，扭矩 T_n-扭转角 φ 曲线如图 1.24 所示。

在实验中，由于试验机的夹具工装含有间隙，会使扭转角变大，导致剪切模量不准确。因此，在测定剪切模量时，必须安装高精度的测量角度的传感器。如果需要测定全段剪切应力——剪切应变曲线，要在试样上安装扭角计，测定扭角计标距内的扭转角 φ' 和扭矩 T'_n 的曲线，如图 1.25 所示。

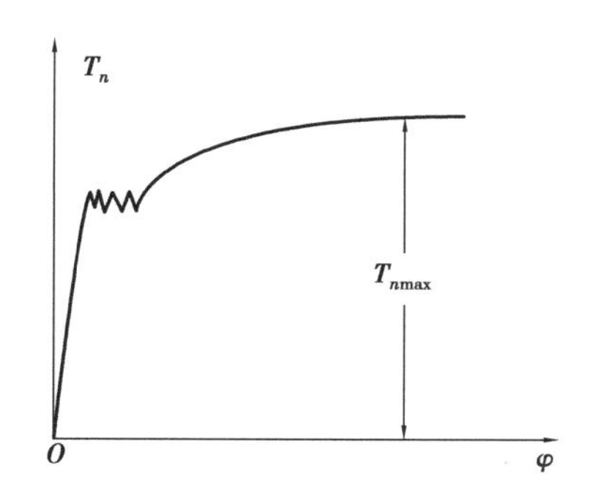

图 1.24　扭转角 φ-扭矩 T_n 曲线

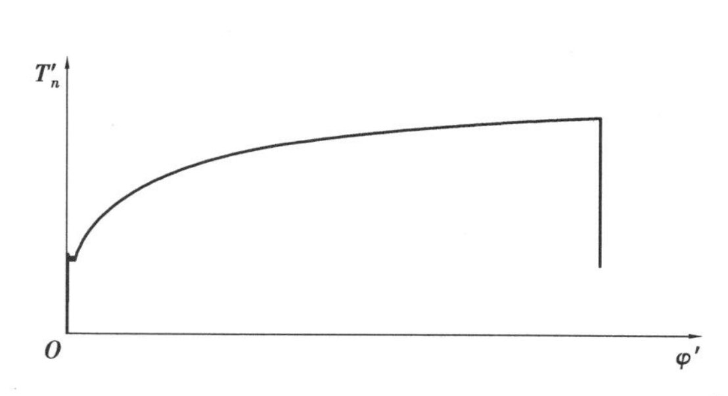

图 1.25　实测扭转角-扭矩曲线

图 1.25 曲线中扭矩 T' 和扭转角 φ' 成正比，符合以下关系式：

$$\varphi' = \frac{T'_n l_0}{GJ} \tag{1.26}$$

式中　l_0——扭角计标距；

G——剪切模量；

J——试样截面的惯性矩：

$$J=\frac{\pi D^4}{32} \tag{1.27}$$

在扭角计标距内的扭转角 φ' 和扭矩 T_n' 的曲线中，我们利用最小二乘法找到弹性阶段的斜率 k，即可计算剪切模量：

$$G=k\frac{l_0}{J} \tag{1.28}$$

（2）扭角计原理

扭角计是在小变形前提下，通过测量圆周切线位移，来得到试件两截面相对扭转角的仪器。如图 1.26、图 1.27 所示，测量出两个截面转角所对的弦长，把弦长近似看成弧长 δ，再与半径 b 计算可算出转角 φ'（式 1.29）。再代入剪切模量计算公式就可以求出剪切模量。

$$\varphi'=\frac{\delta}{b} \tag{1.29}$$

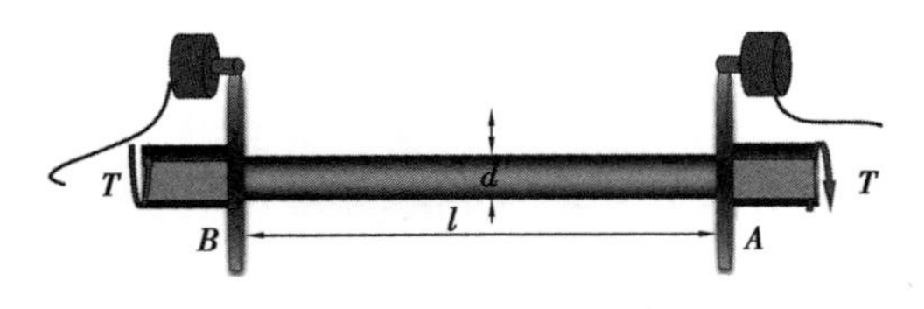

图 1.26　扭角计装置示意图

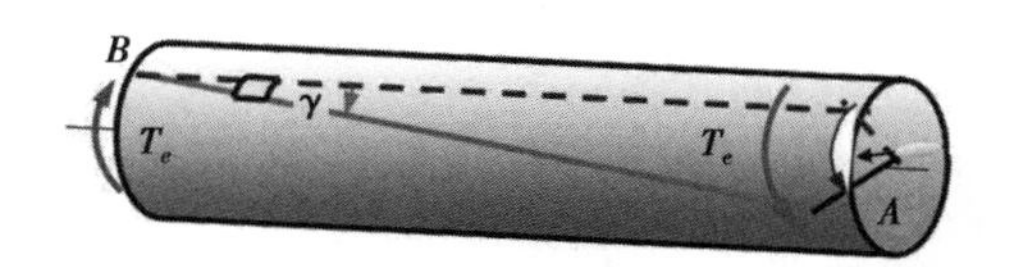

图 1.27　扭转角测定示意

6. 实验步骤

①测量材料试样的原始直径和标距。

②开关扭转到“开”位，打开试验机；按“对正”按钮，调整夹头到对正位置。

③）安装试样，将试件一端夹持段完全夹持到试验机夹头内，同时拧紧两侧夹持螺栓，夹紧试件一端。

④启动实验控制软件，将扭矩和扭角清零。

⑤对称夹持试件另一端，拧紧螺栓，夹紧试件。用粉笔在低碳钢试件沿轴线画一条直线，以便观察试样受扭时的变形。

⑥点击软件右侧黄色三角形按钮，开始加载。

⑦试件扭断后，点击圆形停止按钮，选择单图，低碳钢勾上屈服扭矩、最大扭矩、特征描述。

⑧按住空格键，点击鼠标左键，将曲线图拖至屏幕中间，记录所需的扭矩和扭角。

⑨在低碳钢扭转曲线的弹性范围内取两点，得到这两点的扭矩和扭转角，求得扭矩增量和相应的扭转角增量。

⑩取出试件，观察并分析扭转破坏断口，描述断口特征，绘出断口示意图。

⑪关闭试验机和电脑，将现场清理复原。

7. 实验原始数据

(1)低碳钢试件尺寸测量(表1.14)

表1.14　数据记录表:实验尺寸

低碳钢	原始标距 l_0	中部原始直径 0°	中部原始直径 90°	上端原始直径 0°	上端原始直径 90°	下端原始直径 0°	下端原始直径 90°
Q235							
计算原始直径 d_0							

(2)测量低碳钢剪切模量 G 实验数据(表1.15)

表1.15　数据记录表:测试数据

原始直径 d_0	原始标距 l_0	A 点的转角 φ'_A	B 点的转角 φ'_B	扭转角增量 $\Delta\varphi'_{AB}$	A 的扭矩 T'_A	B 的扭矩 T'_B	扭矩增量 ΔT_{AB}

8. 实验结果处理方法

材料的切变模量 G 遵照国家标准(GB/T 10128—2007)《金属材料　室温扭转试验方法》,由圆截面试样的扭转实验测定。在弹性范围内进行圆截面试样扭转实验时,扭矩与扭转角之间的关系符合扭转变形的胡克定律。当试样标距 l_0 和极惯性矩 I_p 均为已知时,只要测取扭矩增量 ΔT_{AB} 和相应的扭转角增量 $\Delta\varphi_{AB}$,可由下式求得:

$$G=\frac{\Delta T'_{AB}l_0}{\Delta\varphi'_{AB}I_p} \tag{1.30}$$

9. 实验报告书写要求

①书写端正、整洁;
②图表规范、可自行设计;
③标注正确、全面;
④实验原理既要有文字叙述,又要有图示;
⑤仪器设备既要有文字叙述,又要有系统框图;
⑥报告既要有结论,又要有误差分析;
⑦综合比较两种材料拉伸、压缩、扭转的力学性能;
⑧描述断口特征,并绘出断口示意图。

第二章
电测技术及实验

一、电阻应变片原理及简介

1. 应变电阻效应

电阻应变片由金属电阻丝绕成栅状，利用金属丝的变形，在应变电阻效应的作用下引起电阻变化来达到测量应变的目的。

应变电阻效应指金属导体的电阻在导体受力产生变形（伸长或缩短）时发生变化的物理现象。当金属电阻丝受到轴向拉力时，其长度增加而横截面变小，引起电阻增加。反之，当它受到轴向压力时则导致电阻减小，如图2.1所示。电阻应变计与弹性敏感元件、补偿电阻一起可构成多种用途的电阻应变式传感器。电阻应变计按工艺可分为粘贴式、非粘贴式（又称张丝式或绕丝式）、焊接式、喷涂式等。

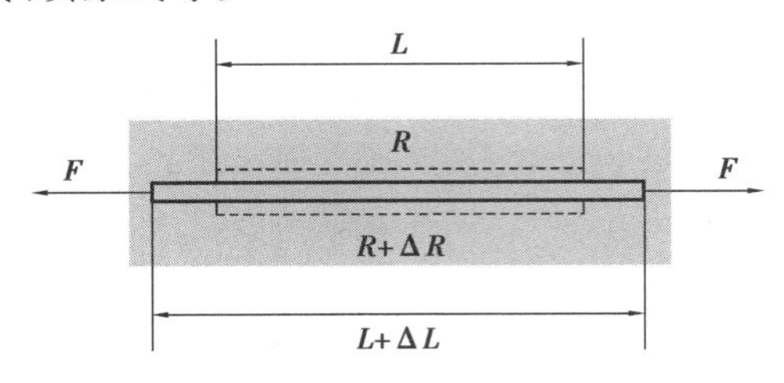

图2.1　电阻丝伸长电阻变化

对于一根电阻丝，电阻为：

$$R=\rho \frac{L}{A} \tag{2.1}$$

电阻丝被拉长后电阻为：

$$\Delta R+R=\rho\frac{\Delta L+L}{\Delta A+A} \tag{2.2}$$

忽略2阶小量 ΔA。可以得到电阻变化：

$$\Delta R=\rho\frac{\Delta L}{A} \tag{2.3}$$

可以得到电阻变化 ΔR 与电阻丝长度变化 ΔL 成正比。

电阻变化率：

$$\frac{\Delta R}{R}=K_S\frac{\Delta L}{L}=K_S\varepsilon \tag{2.4}$$

式中　K_S——电阻应变片灵敏度系数。

由推导可知:线应变与电阻变化率之间存在线性关系。

2. 电阻应变片原理

电阻应变片是用于测量应变的元件。它能将机械构件上应变的变化转换为电阻变化。电阻应变片是由 $\Phi=0.02\sim0.05$ mm 的镀铜丝或镍铬丝绕成栅状(或用很薄的金属箔腐蚀成栅状)夹在两层绝缘薄片中(基底)制成。用镀银铜线与应变片丝栅连接,作为电阻片引线。应变片实物图如图2.2所示。

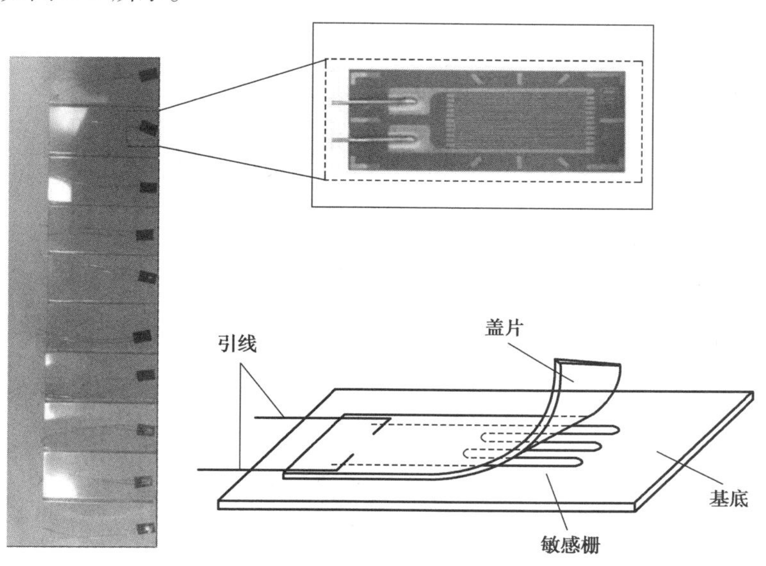

图2.2　应变片实物图

电阻应变片的测量原理为:金属丝的电阻值除了与材料的性质有关之外,还与金属丝的长度,横截面积有关。将金属丝粘贴在构件上,当构件受力变形时,金属丝的长度和横截面积也随着构件一起变化,进而发生电阻变化。电阻变化率为：

$$\frac{\Delta R}{R}=K_S\varepsilon \tag{2.5}$$

式中　K_S——材料的灵敏系数，其物理意义是单位应变的电阻变化率，标志着该类丝材电阻应变片效应显著与否。

ε——测点处应变，为无量纲的量，但习惯上仍给以单位微应变，常用符号 $\mu\varepsilon$ 表示。

金属丝在产生应变效应时，应变 ε 与电阻变化率$\frac{\Delta R}{R}$成线性关系，这就是利用金属应变片来测量构件应变的理论基础。

3. 电阻应变片应用

电阻应变片通过测量材料的形变来检测应力，将力学量转换为电量，从而为工程师和研究人员提供了宝贵的数据。它们是实验室和现场测试的重要工具，特别是在需要精确测量应力和应变的场合。电阻应变片的应用极为广泛，覆盖了从基础设施健康监测到航空航天工程，再到生物力学和医疗设备等多个领域。以下是一些具体的例子，来展示电阻应变片在不同应用场景中的作用。

(1)结构健康监测

电阻应变片被广泛应用于桥梁、建筑物和其他重要基础设施的健康监测。通过安装在关键结构上的电阻应变片，工程师可以实时监测到可能出现的结构变形或损伤，从而及时采取维修或加固措施，确保公共安全。

(2)航空航天工程

在航空航天领域，电阻应变片被用于测量飞机和宇宙飞船的结构应力和应变。例如，通过将电阻应变片贴附在飞机的关键结构上，可以监测飞机在飞行过程中的应力变化，从而确保飞机的结构安全。

(3)工业制造

在工业制造领域，电阻应变片可以用于监测机械设备的运行状态。例如，通过测量机械臂的应变，可以确保其在安全的运行范围内，从而避免过度应力可能导致的设备损坏或事故。

(4)医疗设备

电阻应变片在医疗设备中的应用也非常广泛。例如，它们可以用于监测和控制肾透析机和注射泵中的流体流速，以确保患者接受正确的治疗。

(5)运动生物力学研究

在运动生物力学研究中，电阻应变片可以用于测量运动员的肌肉和骨骼应力，从而帮助研究人员分析运动员的运动性能，以及优化运动训练方案。

二、静态电阻应变仪原理

1. 应变测量电路

通过应变片可以将被测件的应变转换为应变片的电阻变化。但通常这种电阻变化是很小的。为了便于测量，需将应变片的电阻变化转换成电压(或电流)信号，再通过放大器将信号放大，然后由指示仪或记录仪器指示或记录应变数值。这一任务是由电阻应变仪来完成的。而电阻应变仪中将应变片的电阻变化转换成电压(或电流)变化是由应变电桥(即惠斯通电桥)来完成的。

早期，由于受电子技术的限制，电阻应变仪在比较长的一段时间内都选用交流电桥。但从20世纪80年代以后，随着电子技术的迅猛发展，直流放大器性能越来越好，高精度直流放大器越来越多，选择的范围越来越广，现在，已很难见到交流电桥的电阻应变仪了。

应变仪测量电路的作用，就是把电阻片的电阻变化率 $\Delta R/R$ 转换成电压输出，然后提供给放大电路放大后进行测量。

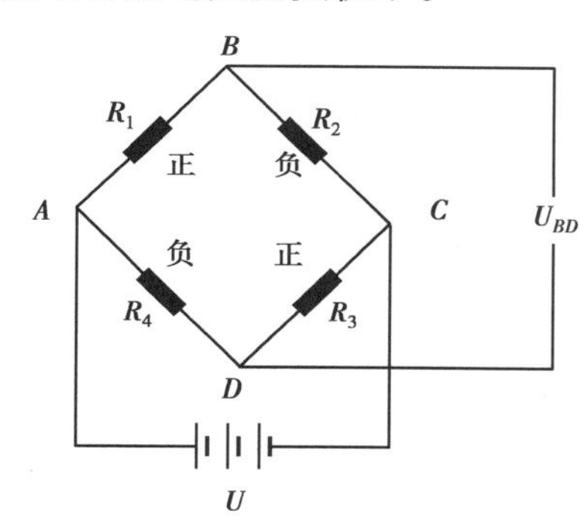

图 2.3　惠斯通电桥

应变仪内部本质上是一个惠斯通电桥，如图 2.3 所示。设电桥各桥臂电阻分别为 R_1、R_2、R_3、R_4，其中的任一个桥臂电阻都可以是电阻应变片。电桥的 A 、C 为输入端，接直流电源，输入电压为 U_{AC}；而 B、D 为输出端，输出电压为 U_{BD}。下面分析当 R_1、R_2、R_3、R_4 变化时，输出电压 U_{BD} 的大小。从 ABC 半个电桥来看，AC 间的电压为 U_{AC}，流经 R_1 的电流为：

$$I_1=\frac{U_{AC}}{R_1+R_2} \tag{2.6}$$

由此得出 R_1 两端的电压降为：

$$U_{AB}=I_1R_1=\frac{R_1}{R_1+R_2}U_{AC} \tag{2.7}$$

同理，R_3 两端的电压降为：

$$U_{AD}=\frac{R_4}{R_3+R_4}U_{AC} \tag{2.8}$$

电桥输出电压为：

$$U_{BD}=U_{AB}-U_{AD}=\frac{R_1}{R_1+R_2}U_{AC}-\frac{R_4}{R_3+R_4}U_{AC}=\frac{R_1R_3-R_2R_4}{(R_1+R_2)(R_3+R_4)}U_{AC} \tag{2.9}$$

因此,要使电桥平衡,即要使电桥输出电压 U_0 为零,则桥臂电阻必须满足:

$$R_1R_3=R_2R_4 \tag{2.10}$$

桥初始处于平衡状态,即满足上述公式。当各桥臂电阻发生变化时,电桥就有输出电压。设各桥臂电阻相应发生了 ΔR_1、ΔR_2、ΔR_3、ΔR_4 的变化,则可计算得到电桥的输出电压为(精确计算公式):

$$U_{BD}+\Delta U_{BD}=\frac{(R_1+\Delta R_1)(R_3+\Delta R_3)-(R_2+\Delta R_2)(R_4+\Delta R_4)}{(R_1+\Delta R_1+R_2+\Delta R_2)(R_3+\Delta R_3+R_4+\Delta R_4)}U_{AC} \tag{2.11}$$

由于 $\Delta R_i<<R_i(i=1,2,3,4)$,省略高次项,故得到(近似计算公式)$\Delta U_{BD}$ 为:

$$\Delta U_{BD}=\frac{R_1R_2}{(R_1+R_2)^2}\left(\frac{\Delta R_1}{R_1}-\frac{\Delta R_2}{R_2}+\frac{\Delta R_3}{R_3}-\frac{\Delta R_4}{R_4}\right)U_{AC} \tag{2.12}$$

用直流电桥进行应变测量时,电桥有等臂电桥、卧式电桥或立式电桥 3 种应用状态。等臂电桥定义为:

$$R_1=R_2=R_3=R_4 \tag{2.13}$$

卧式电桥定义为:

$$R_1=R_2=R,R_3=R_4=R' \tag{2.14}$$

立式电桥定义为:

$$R_1=R_3=R,R_2=R_4=R' \tag{2.15}$$

电阻应变片为固定电阻,应变仪内置电阻一般固定为 120 Ω。因此,应变测量为等臂电桥,即 $R_1=R_2=R_3=R_4$。可得 ΔU_{BD} 大小:

$$\Delta U_{BD}=\frac{U_{AC}}{4}\left(\frac{\Delta R_1}{R_1}-\frac{\Delta R_2}{R_2}+\frac{\Delta R_3}{R_3}-\frac{\Delta R_4}{R_4}\right)=\frac{U_{AC}}{4}k_s(\varepsilon_1-\varepsilon_2+\varepsilon_3-\varepsilon_4) \tag{2.16}$$

式中,$\varepsilon_1,\varepsilon_2,\varepsilon_3,\varepsilon_4$ 分别为电阻应变片 R_1、R_2、R_3、R_4 所获取的应变。

2. 电桥组桥

根据电桥桥臂接入应变片的情况,测量电桥的连接方式可分为 1/4 桥接线法、半桥接线法和全桥接线法 3 种连接方式。

(1)1/4 桥接线法

1/4 桥接线法中 R_1 是应变片,应变片粘贴在构件表面,随着构件的变形而变形,R_2、R_3、R_4 为固定电阻。因此,此种接法能够测出应变片所粘贴的点的应变值。此时,R_2、R_3、R_4 为固定电阻不产生变形,则

$$U_{BD}=\frac{U_{AC}}{4}k_s\varepsilon_1=k\varepsilon_1 \tag{2.17}$$

由于环境温度对应变测量有影响,因此,在进行 1/4 桥接线法测量的时候都会接入温度补偿电阻应变片,实际组成了单臂半桥接线法。

而实际工作中,1/4 桥受环境的温度、湿度、电磁等外界干扰比较严重,长期测量的稳定性

比较差。因此,多数应变仪加了一个温度补偿通道,此通道专门测量环境的温度补充带来的应变,作为一个公共通道,如果应变仪有多个通道,每个通道均可获取此通道的温度补偿应变来消除环境的干扰。实际上,带温度补充的1/4桥组成了一个单臂半桥接线法的半桥电路。

(2)半桥接线法

半桥接线法中R_1、R_2均为工作应变片,R_3、R_4为固定电阻。半桥接线法根据工作的不同可分为单臂半桥接线法和双臂半桥接线法。

1)单臂半桥接线法

在单臂半桥接线法中,一片应变片粘贴在被测件上(被测件包括试件、零件或构件),一片应变片粘贴在与被测件材料相同、但不受任何外力的补偿块上。粘贴在被测件上的应变片称为工作应变片,粘贴在补偿块上的应变片称为补偿应变片,也称为温度补偿应变片。

粘贴在被测件上的电阻应变片,其敏感栅的电阻值一方面随被测件的应变而变化,另一方面,当环境温度变化时,敏感栅的电阻值还将随温度改变而变化,同时,由于敏感栅材料和被测件材料的线膨胀系数不同,敏感栅有被迫拉长或缩短的趋势,也会使其电阻值发生变化。这样,通过应变片测量出的应变值中包含了环境温度变化而引起的应变,造成测量误差。应用单臂半桥接线法可消除测量时环境温度变化引起的误差。

如图2.4(a)所示,测定构件上某一点(A点)的应变,只需在该点粘贴一片应变片,并在与构件相同材料的补偿块上粘贴一片应变片,组成如图2.4(b)所示的测量电桥。构件上应变片为工作应变片R_1,接入AB桥臂,它将直接感受构件受力后产生的应变ε和环境温度变化产生的应变ε_t;补偿块不受外力,并放置在构件附近与构件同温度场中,补偿块上应变片为温度补偿应变片R_2,接入BC桥臂,它将只感受环境温度变化产生的应变ε_t。

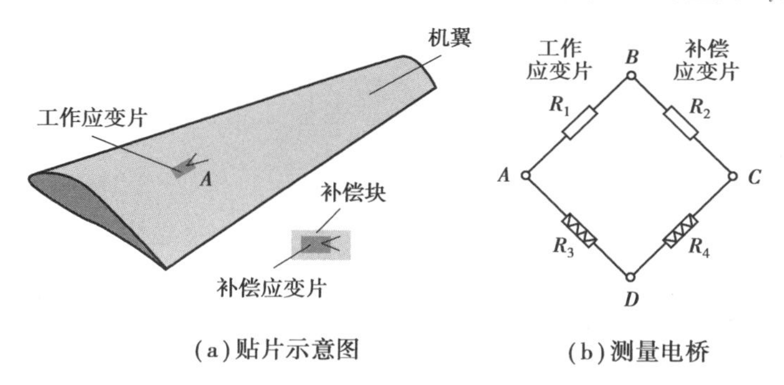

(a)贴片示意图　　(b)测量电桥

图2.4　单臂半桥接线法

可得读数应变:

$$\varepsilon_d=\varepsilon+\varepsilon_t-\varepsilon_t=\varepsilon \tag{2.18}$$

2)双臂半桥接线法

2个应变片R_1,R_2均被粘贴在受力的被测试件上。当被测件受外力作用产生应变ε时,应变片敏感栅电阻随之变化,当然,当环境温度发生变化时,应变片电阻也会发生变化,应用双臂半桥接线法,一方面可消除环境温度变化引起的误差,另一方面还可以增加读数应变,提高测量灵敏度。

随着环境温度影响，应变片 R_1 的应变为 $\varepsilon_1+\varepsilon_t$，应变片 R_2 的应变为 $\varepsilon_2+\varepsilon_t$。则可读得应变为

$$\varepsilon_d=(\varepsilon_1+\varepsilon_t)-(\varepsilon_2+\varepsilon_t)=\varepsilon_1-\varepsilon_2 \tag{2.19}$$

同样，双臂半桥接线法消去了环境温度的影响。

(3)全桥接线法

测量电桥中 R_1、R_2、R_3、R_4 四桥臂应变片均为工作应变片。R_1、R_2、R_3、R_4 电阻均会产生应变。可得读数应变为

$$\varepsilon_d=(\varepsilon_1-\varepsilon_2)+(\varepsilon_3-\varepsilon_4) \tag{2.20}$$

考虑环境影响，每个应变片会感受环境引起应变 ε_t，产生应变为

$$\varepsilon_i+\varepsilon_t,(i=1,2,3,4) \tag{2.21}$$

则得到读数为

$$\varepsilon_d=(\varepsilon_1+\varepsilon_t)-(\varepsilon_2+\varepsilon_t)+(\varepsilon_3+\varepsilon_t)-(\varepsilon_4+\varepsilon_t)=\varepsilon_1-\varepsilon_2+\varepsilon_3-\varepsilon_4 \tag{2.22}$$

同样，也可以消去环境温度的影响。

三、应变片粘贴实操

1. 实验目的

①初步掌握常温用电阻应变片的粘贴技术；

②初步掌握接线、检查等准备工作。

2. 准备贴片材料

主要材料：应变片、接线端子、焊锡、松香、电烙铁、万用表、导线、砂纸、划针、尺子、酒精、棉花、502 胶水、胶带等。

3. 应变片筛选

①观察应变片外观是否损坏，如无损坏再进行第 2 步。

②用万用表测量应变片电阻如图 2.5 所示，具体方法：

将万用表挡位转换到 200 Ω 挡位，正确插上万用表的笔头。将笔头与应变片的两根引线连接，查看万用表上的电阻是否为 120 Ω 左右，如果电阻不显示或为无穷大，说明应变片已经损坏。如果电阻正常，则应变片可以使用。

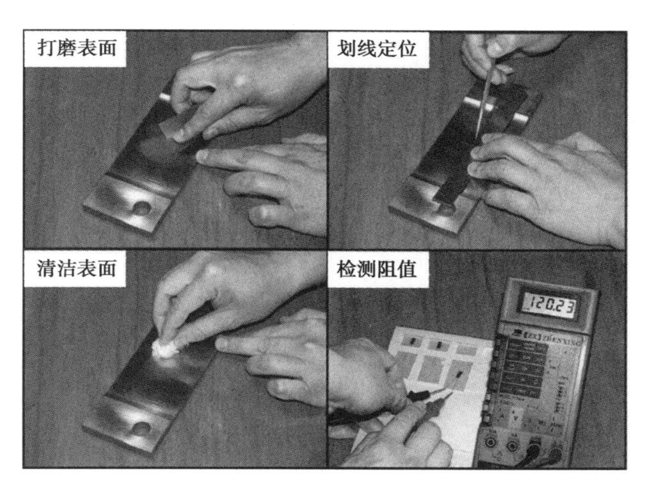

图 2.5　用万用表测量应变片电阻操作示意

4. 试件表面打磨

为使应变计与被测试件贴牢，对测点表面要进行打磨清洁处理。

①利用砂纸打磨试件贴片处。最初打磨时，可选稍微粗的砂纸进行粗略打磨，然后再用细砂纸精细打磨，这样可以节约打磨时间。将试件表面打磨光亮光滑，无凹凸痕迹。

②用尺子测量贴片位置，确定正应变方向。用划针沿着正应变方向画一条长线，该直线过贴片点；并在贴片点的垂直方向上画一条短线；两条线的交点为贴片点。画线时一定要准，如果画错了，需要重新打磨。

5. 处理导线

①将导线用剥线钳或者打火机剥出 5 mm 左右的线芯，并捻成一股。

②预热电烙铁，待电烙铁达到温度后，将电烙铁伸入松香，待松香呈液体状，将导线插入，使导线挂满松香。

③用电烙铁沾上焊锡，均匀地挂在导线上，如图 2.6 所示。

图 2.6　导线处理

6. 清洁试件表面

将棉花沾上酒精,擦拭打磨后的试件表面,多次擦拭,直至棉花上无脏污残留。

注意:擦拭时最好从打磨中部向外擦拭,防止贴片处再次被污染。

7. 贴片

①将应变片从包装中取出,注意不要弄脏应变片,并将应变片的覆盖膜一面(有引线引出的一面)粘贴在胶带纸上。

②将粘贴有应变片的胶带纸黏在两条十字线交点位置,使应变片四周的小短线与试件先前画的垂直线完全重合。

③局部揭起胶带至应变片露出,将502胶水涂抹在应变片底部,迅速平整按下应变片,并将上面盖一层聚乙烯塑料膜作为隔层,用手指在应变计的长度方向滚压,挤出片下气泡和多余的胶水,按住应变片1 min后再放开,等待胶水黏牢。按住时不要使应变片移动。

④检查贴片位置是否准确,粘贴层是否有气泡和杂质,丝栅有无断栅和变形,应变片粘贴前后的阻值变化、绝缘电阻等,确保贴片完好可用。

注意:胶带粘贴上应变片,再粘贴在试件上是为了定位应变片,涂抹胶水后,应变片要按原来粘贴的位置按下,保证粘贴在划线交点。

8. 粘贴接线端子

①新的接线端子有氧化膜,用砂纸将其打磨掉,方便挂锡。

②利用同样的方法将接线端子粘贴在应变片顺位方向,如图2.7所示。

图2.7　应变片实物图

9. 焊应变片

①待接线端子和应变片完全贴好后,将胶带揭下来。

②将锡挂在接线端子上。挂锡要适量,以便粘贴。

③用镊子将引线放在接线端子的锡点上,用电烙铁将锡点烫化,迅速拿开电烙铁,查看引

线是否焊在锡内，否则重复上述操作。通过上述方法焊好所有引线。

④将处理好的导线放在接线端子另一侧锡点上，同样用电烙铁将锡点烫化，使电线上的锡瞬间与接线端子上的锡点融为一体，即焊锡完毕。检查牢固性，若不够牢固，则重复上述步骤。

10. 固定导线

将导线用胶带固定在试件上，防止拉拽使焊接脱落。

四、应变片灵敏度系数测定

1. 实验目的

①掌握电阻应变片的应变电阻效应，电阻变化与应变关系；
②掌握电阻应变片及应变仪使用方法；
③掌握电阻应变片灵敏度系数的测定方法；
④了解等强度梁弯曲理论。

2. 实验设备及仪器

①等强度梁试验台及其加载装置，如图 2.8 所示；
②DH3818Y 静态电阻应变仪（简介见本章第二节）。

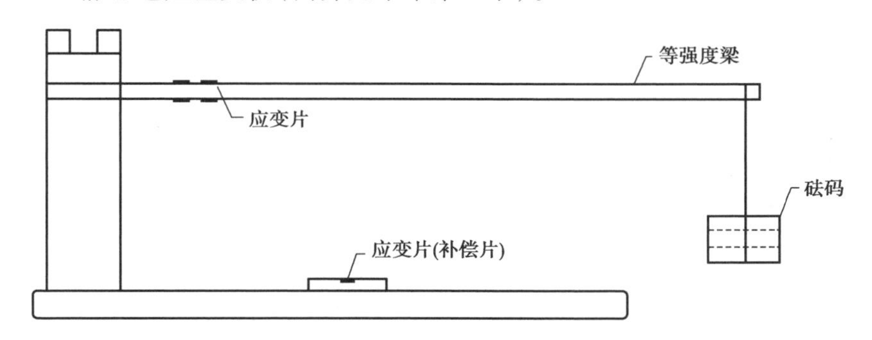

图 2.8　等强度梁试验台及其加载装置

3. 实验原理

电阻应变片可以通过 502 胶水粘贴在光滑的经过清洁的试样表面。当试样受到外力发生变形时，电阻应变片会跟随试样一起变形，内部的电阻丝会被拉伸或者压缩，从而产生电阻变化。根据本章第一节的理论可知，电阻应变片的应变 ε 与其电阻变化有以下关系（具体推导见第二章第一节）：

$$\frac{\Delta R}{R}=K_S\frac{\Delta L}{L}=K_S\varepsilon \tag{2.23}$$

式中 K_S——电阻应变片灵敏度系数；

ΔR——电阻变化；

R——电阻应变片的电阻；

ΔL——电阻丝伸长量；

L——电阻丝的原长。因此，可以通过测量电阻变化，求出应变片的灵敏度系数。这里电阻的变化通过电阻应变仪测量。

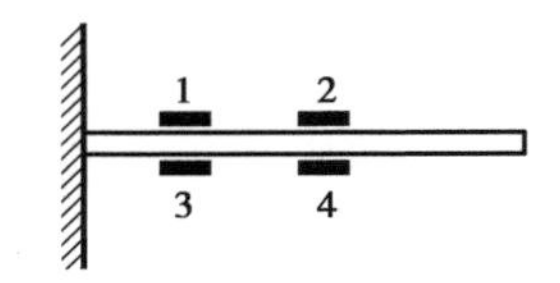

图 2.9 等强度梁示意图

本实验采用等强度梁、电阻应变仪测定电阻应变片的灵敏度系数。在等强度梁的上表面粘贴应变片 1、2、3、4，如图 2.9 所示。应变片 1 和 3 与砝码加载悬挂点的距离为 l_{13}，应变片 2 和 4 与砝码加载悬挂点的距离为 l_{24}。将应变片 1 和 3 组成半桥，应变片 2 和 4 组成半桥，分别接入到应变仪的通道 1 和 2 中。根据梁的特性，我们知道，应变片 1 处的应变为正值，应变片 3 处的应变为负值，应变仪的半桥为两个应变值相减，因此我们在应变仪中得到的数据为：应变片 1 的应变绝对值和应变片 3 的应变绝对值相加，即得到了 2 倍的应变大小。应变片 2 和应变片 4 具有同等效果。

同时，应变片 1、2、3、4 可通过材料力学的梁弯曲正应力公式计算。由正应力公式：

$$\sigma=\frac{My}{I_z} \tag{2.24}$$

$$\varepsilon=\frac{\sigma}{E} \tag{2.25}$$

可以得到获得应变片 1 和 3 处的应变值为

$$\varepsilon_{13}=\frac{6mgl_{13}}{Ebh^2} \tag{2.26}$$

以得到获得应变片 2 和 4 处的应变值为

$$\varepsilon_{24}=\frac{6mgl_{24}}{Ebh^2} \tag{2.27}$$

式中 l_{13}——应变片 1 和 3 与砝码加载悬挂点的距离；

l_{24}——应变片 2 和 4 与砝码加载悬挂点的距离；

h——等强度梁厚度；

b——等强度梁宽度；

m——悬挂砝码的质量；

g——重力加速度；

E——梁基础材料的弹性模量为 206 GPa。

电阻应变片的电阻相对变化通过应变仪，将电阻应变仪的灵敏度设置为 1，电阻应变仪通道 1 和通道 2 测定的值 $\varepsilon_{仪13}$ 和 $\varepsilon_{仪24}$ 分别为电阻应变片 1 和 2 的电阻变化率$\frac{\Delta R}{R}$的 2 倍。

综合起来,可以分别求出应变片 1 和 3,应变片 2 和 4 的灵敏度系数 K_{13},K_{24}:

$$K_{13}=\frac{2\varepsilon_{13}}{\varepsilon_{仪13}}=\frac{12mgl_{13}}{Ebh^2\varepsilon_{仪13}} \tag{2.28}$$

$$K_{24}=\frac{2\varepsilon_{24}}{\varepsilon_{仪24}}=\frac{12mgl_{24}}{Ebh^2\varepsilon_{仪24}} \tag{2.29}$$

应变片 1、2、3、4 为相同应变片,因此,灵敏度 K 可通过求取平均值的方法得到:

$$K=\frac{K_{13}+K_{24}}{2} \tag{2.30}$$

此外,试验采用分级加载的方法进行。

4. 实验步骤

①测量和记录等强度梁的厚度 h、宽度 b,应变片 1 和 3 与砝码加载悬挂点的距离为 l_{13},应变片 2 和 4 与砝码加载悬挂点的距离为 l_{24}。

②将应变片 1 和 3 组成半桥接入到电阻应变仪 1 通道,将应变片 2 和 4 组成半桥接入到电阻应变仪 2 通道。

③单击应变仪的主界面,将“测量方式”设置为“应变测量”,单击“应变参数设置”,将应变参数里的电阻设置为 120 Ω,灵敏度设置为 1,组桥方式设置为半桥。

④将砝码钩放置在砝码加载悬挂点,平衡应变仪所有通道,并记录当前的砝码质量 m,应变仪通道 1 通道数据 $\varepsilon_{仪13}$,应变仪通道 2 通道数据 $\varepsilon_{仪24}$。

⑤逐级加装砝码至 10 kg,每加装一个 2 kg 砝码,记录当前的砝码质量 m,应变仪通道 1 通道数据 $\varepsilon_{仪13}$,应变仪通道 2 通道数据 $\varepsilon_{仪24}$。

⑥列表记录整理数据。

⑦计算所测应变片的灵敏度系数。

5. 实验原始数据

实验原始数据填入表 2.1。

表 2.1　数据记录表

等强度梁序号	梁厚度 h	梁宽度 b	距离 l_{13}	距离 l_{24}

质量 m	$\varepsilon_{仪13}$	$\varepsilon_{仪24}$
0 kg		
2 kg		
4 kg		

续表

质量 m	$\varepsilon_{仪13}$	$\varepsilon_{仪24}$
6 kg		
8 kg		
10 kg		

6. 实验结果处理方法

求出应变片 1 和 3，应变片 2 和 4 的灵敏度系数 K_{13}，K_{24}：

$$K_{13}=\frac{2\varepsilon_{13}}{\varepsilon_{仪13}}=\frac{12mgl_{13}}{Ebh^2\varepsilon_{仪13}} \tag{2.31}$$

$$K_{24}=\frac{2\varepsilon_{24}}{\varepsilon_{仪24}}=\frac{12mgl_{24}}{Ebh^2\varepsilon_{仪24}} \tag{2.32}$$

应变片 1、2、3、4 为相同应变片，因此，灵敏度 K 可通过求取平均值的方法得到：

$$K=\frac{K_{13}+K_{24}}{2} \tag{2.33}$$

7. 实验报告书写要求

①书写端正、整洁；
②图表规范、可自行设计；
③标注正确、全面；
④实验原理既要有文字叙述，又要有图示；
⑤仪器设备既要有文字叙述，又要有系统框图；
⑥报告既要有结论，又要有误差分析；
⑦实验数据记录既要有原始数据，又要有试验图；
⑧有好的建议和要求可以提出。

五、低碳钢弹性模量和泊松比测定

1. 实验目的

①用电测法测量低碳钢的弹性模量 E 和泊松比 μ；
②在弹性范围内验证胡克定律；
③了解电阻应变片的工作原理及贴片方式；
④掌握电阻应变仪的 1/4 桥使用及原理。

2. 实验设备及仪器

①电子万能材料试验机(简介见第一章第一节);
②DH3818Y 静态电阻应变仪(简介见本章第二节);
③低碳钢试件(Q235);
④电阻应变片;
⑤数字游标卡尺;
⑥其他附件。

3. 实验材料及试样

实验采用典型的塑性材料低碳钢 Q235 进行实验。为了便于应变片的粘贴,采用片状试样。根据(GB/T 228—2002)《金属材料　室温拉伸试验方法》,金属拉伸片状试样示意图如图 2.10 所示。本实验中采用国家标准中的 P04 试样。试样的厚度 a_0 为 2 mm,宽度 b_0 为 20 mm,过渡弧 r 为 20 mm,标距 L_0 为 71.5 mm,L_c 为 90 mm,试样总长 L_t 为 180 mm。

原始标距 L_0 与截面积 s_0 有下列关系:

$$L_0 = k\sqrt{s_0} \tag{2.34}$$

式中　k——比例系数,通常取 5.65 和 11.3,本实验取 11.3;

s_0——试样截面积,$s_0 = a_0 \cdot b_0$。

为了测定金属弹性模量和泊松比,在试样的标距中部前后 2 面各粘贴 1 个应变花,应变花由 2 个应变片组成,2 个应变片之间呈 90°,如图 2.11 所示。

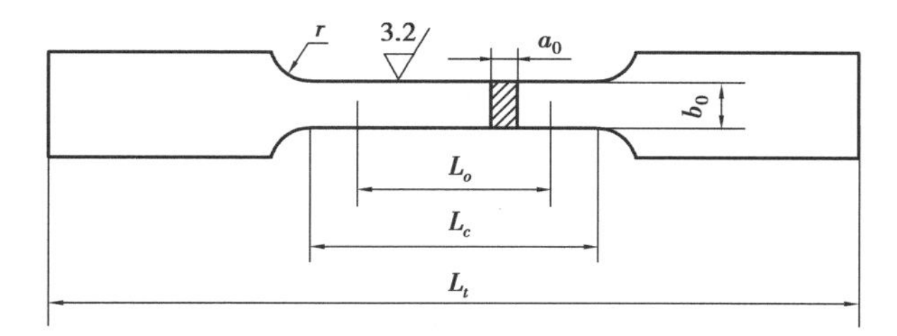

图 2.10　金属拉伸片状试样示意图

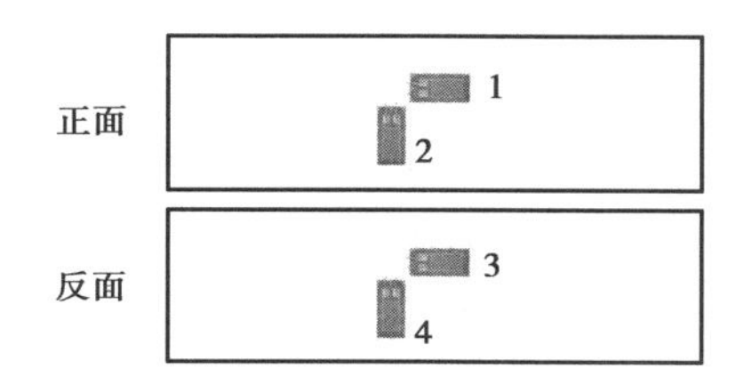

图 2.11　应变片粘贴示意图

4. 实验原理

弹性模量 E 和泊松比 μ 是反映材料弹性阶段力学性能的两个重要指标。在弹性阶段,给一个确定截面形状的试件施加轴向拉力,在截面上便产生了轴向拉应力,试件轴向伸长,同样,当施加轴向压力时,试件轴向缩短。在弹性范围内,应力与应变成正比,这就是胡克定律。

低碳钢是典型的塑性材料,其拉伸大致分为 4 个阶段即弹性阶段、屈服阶段、强化阶段、局部变形阶段。从图 2.12 中可以测定低碳钢拉伸弹性模量 E、下屈服载荷 F_s 以及最大载荷 F_b。

在弹性阶段中，如图 2.12 中 oa'段，试件只有极小的变形。在这一阶段，试样的变形完全是弹性的，全部卸除荷载后，试样将恢复其原长。其中，在 oa 阶段，试件的力和变形成正比，完全遵守胡克定律。此阶段内可以测定材料的弹性模量 E。材料在外力作用下应变和应力成正比的最大值的点在 a'处，此处对应的最大应力为材料比例极限 σ_p。在 aa'阶段，仍是弹性形变，既撤去外力时还能恢复原长，当应力超过一定值时，其不再是弹性形变时这个值就是弹性极限，弹性极限即 σ_e。

电阻应变片是一种测量试件受力变形的传感器，由弹性元件和粘贴在其上的应变片组成。当试件拉伸时，引起弹性元件变形并使应变片电阻值发生变化，输出一个正比于变形的电压信号，然后经过放大、转换和采集，以便计算机进行数据处理。

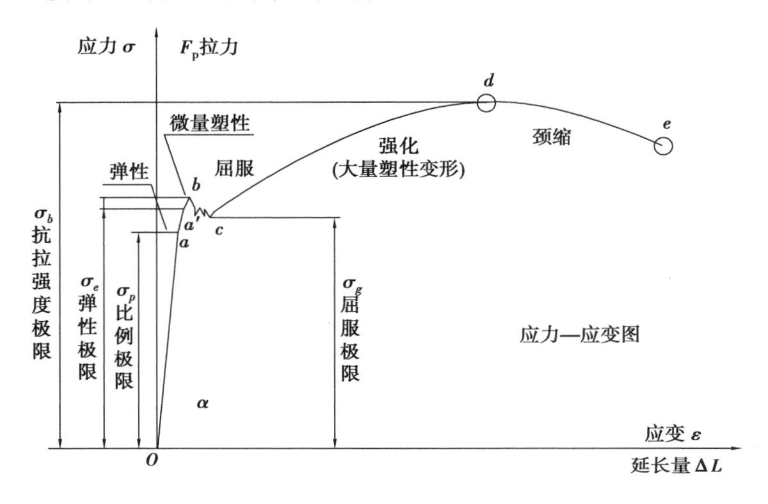

图 2.12　低碳钢拉伸力-变形图

本实验采用电阻应变片测定低碳钢材料的弹性模量 E 和泊松比 μ。由于连续拉伸过程中，应变仪的应变值和万能材料试验机的力值不能同步。因此，试验中采用逐级加载的方式，取点进行测量。实验中的加载需保证在图 2.12 中 oa 段内。

试样拉伸过程中的应力 σ 大小为：

$$\sigma=\frac{F}{A_0} \tag{2.35}$$

式中　A_0——试样截面积；

F——拉伸力值。

试样拉伸过程中的应力 ε 大小直接通过应变片获取，轴向应变片 1 和 3 用于计算弹性模量。由于试样加工误差和贴片误差，不能保证应变片 1 和应变片 3 在同一力值作用下大小一致。为保证实验结果的有效性，必须保证应变片 1 和应变片 3 的值不能相差太大。如果相差 10% 以上，要检查试样的加工和应变片的粘贴情况，保证实验结果的可靠性。

5. 实验步骤

①在低碳钢试样的平行段中部前面各粘贴 1 个直角应变花(具体贴片方式见第二章第三节)。

②检查实验装置是否完好,连接好电源和数据线。

③打开计算机和静态应变仪,设置好参数和通道。

④用数字游标卡尺测量低碳钢试件的长度、直径和截面积,并记录数据。

⑤打开试验机电源,利用手柄调整横梁位置,保证上下夹头间距能够安装试样。打开试验机控制软件,将力清零。将低碳钢试件安装在万能材料试验机的上端夹具上,并拧紧上夹头。在安装时应保证试样垂直,夹持部位的下端与夹块的下沿齐平。调整试验机横梁至合适位置,夹紧试验机的下夹头,试样安装完毕。

⑥将电阻应变片的引线连接到静态应变仪的相应通道上,组成 1/4 桥,并平衡电桥。

⑦设置试验机方案,采用逐级加载方式,每 800 N 设置保持载荷 20 s,用于读数,一直到 8 000 N。每级加载均需记录试验机软件上的力值,应变仪上的应变值。

⑧关闭静态应变仪。

⑨卸载,逐步减小载荷至接近 0 N,取下试样,关闭试验机。

⑩整理设备,处理数据。

6. 实验原始数据

表 2.2　数据记录表:实验尺寸

试样材料	试样宽度 b_0	试样厚度 a_0	试样标距 L_0
Q235			

表 2.3　数据记录表:测试数据

序号	力值/N	应变 1/$\mu\varepsilon$	应变 2/$\mu\varepsilon$	应变 3/$\mu\varepsilon$	应变 4/$\mu\varepsilon$	横向应变/$\mu\varepsilon$	纵向应变/$\mu\varepsilon$
1	0	0	0	0	0	—	—
2	800	—	—	—	—	—	—
…	…	…	…	…	…	…	…
9	7 200	—	—	—	—	—	—
10	8 000	—	—	—	—	—	—

7. 实验结果处理方法

试样拉伸过程中的应力 σ 大小为

$$\sigma = \frac{F}{A_0} \tag{2.36}$$

式中 A_0——试样截面积；

F——拉伸力值。

试样截面积 A_0 为

$$A_0 = a_0 b_0 \tag{2.37}$$

轴向(横向)应变 1 和应变 3 求取均值即为试样拉伸的横向应变值 $\varepsilon_{横}$，纵向应变 2 和应变 4 求取均值即为试样拉伸的纵向应变值 $\varepsilon_{纵}$。

利用画图软件，绘制出试样拉伸过程中的应力 σ 和横向应变值 $\varepsilon_{横}$ 曲线图，并线性拟合曲线，得到的斜率即为弹性模量 E。

同样地，绘制出横向应变值 $\varepsilon_{横}$ 和纵向应变值 $\varepsilon_{纵}$ 曲线图，并线性拟合曲线，得到的斜率即为材料的泊松比 μ。

将计算得到的弹性模量 E 和泊松比 μ 与理论值进行比较，并分析误差的原因。

8. 实验报告书写要求

①书写端正、整洁；

②图表规范、可自行设计；

③标注正确、全面；

④实验原理既要有文字叙述，又要有图示；

⑤仪器设备既要有文字叙述，又要有系统框图；

⑥报告既要有结论，又要有误差分析；

⑦实验数据记录既要有原始数据，又要有实验图；

⑧有好的建议和要求可以提出。

第三章
材料力学设计性实验

一、纯弯梁正应力测定实验

1. 实验目的

①了解电测应力应变原理和方法；

②测定梁在纯弯曲时各测点的正应变，计算出正应力，并与理论计算值比较以验证弯曲正应力公式；

③绘出梁在纯弯曲时正应变沿梁高度的分布图。

2. 实验设备及仪器

①梁弯曲实验装置；

②CMT5105 电子万能材料试验机；

③DH3818Y 静态数字电阻应变仪；

④0.02 mm 游标卡尺、钢卷尺。

3. 实验原理

(1)电测技术原理

电阻应变片是由金属电阻丝绕成栅状，利用金属丝的变形，在应变电阻效应的作用下进而引起电阻变化来达到测量应变的目的。

应变电阻效应指金属导体的电阻在导体受力产生变形(伸长或缩短)时发生变化的物理现象。当金属电阻丝受到轴向拉力时，其长度增加而横截面变小，引起电阻增加。反之，当它

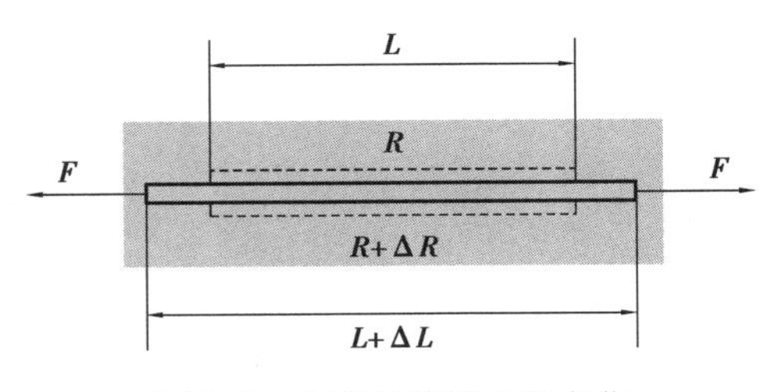

图 3.1　电阻丝伸长电阻变化

受到轴向压力时则会使电阻减小。

对于一根电阻丝，如图 3.1 所示，电阻为：

$$R=\rho\frac{L}{A} \tag{3.1}$$

电阻丝被拉长后电阻为：

$$\Delta R+R=\rho\frac{\Delta L+L}{\Delta A+A} \tag{3.2}$$

忽略 2 阶小量 ΔA。可以得到电阻变化：

$$\Delta R=\rho\frac{\Delta L}{A} \tag{3.3}$$

可以得到电阻变化 ΔR 与电阻丝长度变化 ΔL 呈正比。

电阻变化率：

$$\frac{\Delta R}{R}=K_S\frac{\Delta L}{L}=K_S\varepsilon \tag{3.4}$$

式中　K_S——电阻应变片灵敏度系数。

由推导可知：线应变与电阻变化率之间存在线性关系。

关于应变片的详细论述见第二章第一节。

(2)单臂半桥接线法

单臂半桥接线法的详细论述见第二章第二节。

(3)纯弯梁正应力

如图 3.2 所示为简支梁模型，模型尺寸为：$a=200$ mm，$d=100$ mm，$h=30$ mm，$b=25$ mm，$L=500$ mm。沿高度 h 方向平均分成 4 段，则有 1,2,3,4,5 条等分线，等分线的高度分别为：$0,\frac{1}{4}h,\frac{1}{2}h,\frac{3}{4}h,h$。

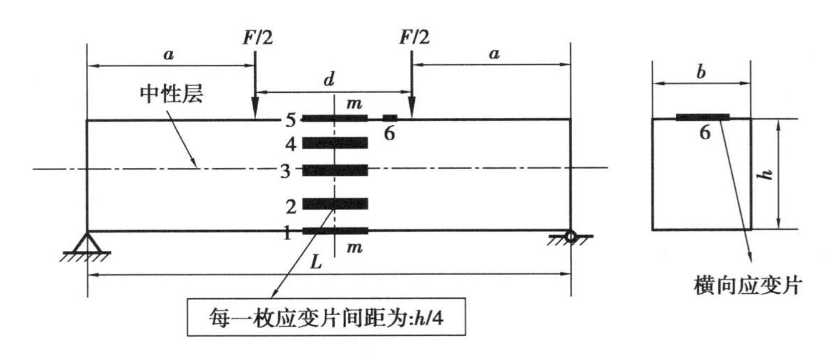

图 3.2　简支梁模型

模型在中间位置受到两个大小均为$\frac{1}{2}F$ 的力，距离为 d，则梁的弯矩如图 3.3 所示。

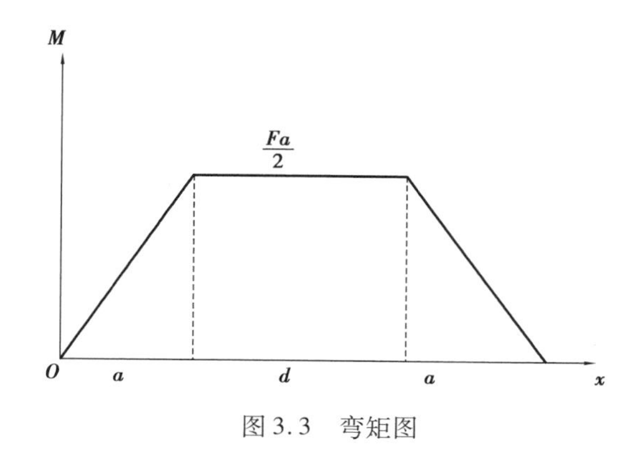

图 3.3　弯矩图

根据材料力学知识，沿着梁高度方向的等分线上的正应力大小分别为

$$\sigma_1=\frac{My_1}{I_z} \tag{3.5}$$

$$\sigma_2=\frac{My_2}{I_z} \tag{3.6}$$

$$\sigma_3=\frac{My_3}{I_z} \tag{3.7}$$

$$\sigma_4=\frac{My_4}{I_z} \tag{3.8}$$

$$\sigma_5=\frac{My_5}{I_z} \tag{3.9}$$

式中　$y_i(i=1,2,3,4,5)$——等分线距离中性层的距离；

I_z——惯性矩；

M——弯矩。

弯矩 M 的大小为：

$$M=\frac{Fa}{2} \tag{3.10}$$

惯性矩 I_z 为：

$$I_z=\frac{bh^3}{12} \tag{3.11}$$

由以上理论分析可以看到，横向对比沿着梁高度方向的等分线上的正应力 $\sigma_i(i=1,2,3,4)$ 的大小与 $y_i(i=1,2,3,4)$ 的大小有关。实验在弹性阶段进行，因此，沿着梁高度方向的等分线上的正应变与 $y_i(i=1,2,3,4)$ 的大小有关，与梁的高度是线性关系。

4. 实验步骤

①用游标卡尺和钢直尺测量梁的宽度 b 和高度 h，载荷作用点到梁支点的距离 a。

②采用多点半桥公共补偿测量法，将应变片和公共温度补偿片分别接在 DH3818Y 静态

电阻应变仪的相邻桥臂上。

③依照静态电阻应变仪的操作规程对应变仪进行检验并调整每点的电桥平衡。

④启动 CMT5105 电子万能材料试验机,按加载方案逐级加载,每加一级载荷,相应测读一次各点的应变值直至加到预计的最终载荷为止。

⑤实验结束,卸载,关闭试验机、应变仪,清理现场。

5. 实验原始数据

实验数据记录于表 3.1,表 3.2。

表 3.1 数据记录表:实验尺寸

梁的宽度 b/mm	梁的高度 h/mm	梁的跨距 L/mm	载荷作用点到梁支点的距离 a/mm

表 3.2 数据记录表:测试数据

<table>
<tr><td>荷载/N</td><td>测定</td><td colspan="2">1/με</td><td colspan="2">2/με</td><td colspan="2">3/με</td><td colspan="2">4/με</td><td colspan="2">5/με</td><td>6/με</td></tr>
<tr><td>载荷值</td><td>增量</td><td>应变值</td><td>增量</td><td>应变值</td><td>增量</td><td>应变值</td><td>增量</td><td>应变值</td><td>增量</td><td>应变值</td><td>增量</td><td>横向应变上</td></tr>
<tr><td>1 000</td><td>1 000</td><td></td><td></td><td></td><td></td><td></td><td></td><td></td><td></td><td></td><td></td><td></td></tr>
<tr><td>2 000</td><td>1 000</td><td></td><td></td><td></td><td></td><td></td><td></td><td></td><td></td><td></td><td></td><td></td></tr>
<tr><td>3 000</td><td></td><td></td><td></td><td></td><td></td><td></td><td></td><td></td><td></td><td></td><td></td><td></td></tr>
<tr><td>4 000</td><td>1 000</td><td></td><td></td><td></td><td></td><td></td><td></td><td></td><td></td><td></td><td></td><td></td></tr>
<tr><td>5 000</td><td>1 000</td><td></td><td></td><td></td><td></td><td></td><td></td><td></td><td></td><td></td><td></td><td></td></tr>
<tr><td colspan="2">应变增量平均值 ε_p</td><td colspan="2"></td><td colspan="2"></td><td colspan="2"></td><td colspan="2"></td><td colspan="2"></td><td></td></tr>
<tr><td colspan="2">实测应力 $\sigma_{实}$ /MPa</td><td colspan="2"></td><td colspan="2"></td><td colspan="2"></td><td colspan="2"></td><td colspan="2"></td><td>实测泊松比值</td></tr>
<tr><td colspan="2">理论应力 $\sigma_{理}$ /MPa</td><td colspan="2"></td><td colspan="2"></td><td colspan="2"></td><td colspan="2"></td><td colspan="2"></td><td>实测弹性模量值</td></tr>
<tr><td colspan="2">$\frac{|\sigma_{理}-\sigma_{实}|}{|\sigma_{理}|}\times 100\%$</td><td colspan="2"></td><td colspan="2"></td><td colspan="2"></td><td colspan="2"></td><td colspan="2"></td><td></td></tr>
</table>

6. 实验结果处理方法

等量逐级加载后,简支梁收到合力为 F,每个受力点受到力大小为 $F/2$,如图 3.2 所示,则在简支梁的表面两个受力点之间的力矩大小 ΔM 均相同,大小为:

$$\Delta M=\frac{Fa}{2} \tag{3.12}$$

根据材料力学理论，弯曲梁的理论正应力为

$$\sigma_{理}=\frac{\Delta My}{I_z} \tag{3.13}$$

式中　$\sigma_{理}$——简支梁每一级受到的应力值；

y——受应力点到中性层的距离；

I_z——梁的惯性矩。

$$I_z=\frac{bh^3}{12} \tag{3.14}$$

因为梁的变形为弹性的，符合胡克定律。根据简支梁的实测应变结果，梁的实测应力 $\sigma_{实}$ 可通过测量出的应变增量平均值 ε_p 得到：

$$\sigma_{实}=E\varepsilon_p \tag{3.15}$$

式中　E——弹性模量，取 206 GPa。

由于测点 6 测出的是梁上表面的横向应变，测点 5 测出的是梁上表面的纵向应变，可计算出泊松比 μ：

$$\mu=\left|\frac{\varepsilon_6}{\varepsilon_5}\right| \tag{3.16}$$

实测弹性模量 $E_{实}$则可通过测点 5 的理论应力 $\sigma_{理5}$ 除以测点 5 的实测应变 ε_5 求得

$$E_{实}=\frac{\sigma_{理5}}{\varepsilon_5} \tag{3.17}$$

同时应该注意，应变仪中获取的应变值的单位为 $\mu\varepsilon$，其与应变 ε 的关系为

$$1\ \mu\varepsilon=10^{-6}\varepsilon \tag{3.18}$$

7. 实验报告书写要求

①书写端正、整洁；

②图表规范、可自行设计；

③标注正确、全面；

④实验原理（包含文字叙述和图示）；

⑤仪器设备（包含文字叙述和系统框图）；

⑥既要有结论，又要有误差分析；

⑦根据实验结果绘出应变沿梁高度的分布图；

⑧有好的建议和要求可以提出。

二、弯扭组合构件载荷识别实验

1. 实验目的

①进一步熟悉电测法原理及应用，掌握1/4桥、半桥、全桥的组桥方法。学习电测方法在工程中的应用技术。

②通过应力应变状态分析，设计测量弯扭组合构件上未知载荷 P 的方案，通过设计的方案实测出应变并计算出加载在弯扭组合构件上的载荷 F。

2. 实验设备及仪器

①CMT5105 电子万能材料试验机（简介见第一章第一节）；

②DH3818Y 静态电阻应变仪（简介见本章第二节）；

③电阻应变片；

④钢卷尺、数字游标卡尺；

⑤弯扭组合实验装置（图3.4）；

⑥其他附件。

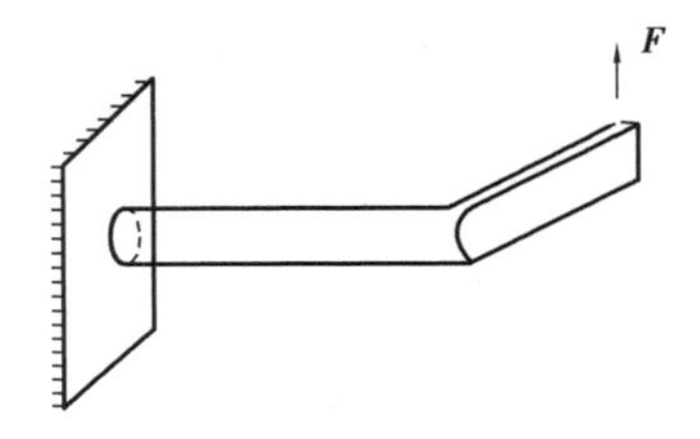

图3.4　弯扭组合实验装置简图

3. 实验装置简介

为了实验的方便，预先在弯扭组合构件指定截面的上、下表面分别粘贴1个应变花，如图3.5和图3.6所示的 A 和 B 点。应变花由3个单向应变片组成，即$-45°$、$0°$、$45°$，具体粘贴的方向如图3.7所示。

构件的具体尺寸为：$a=195$ mm，$b=350$ mm，$D=42$ mm，$d=37$ mm，$\alpha=d/D=0.88$。弯扭组合构件的材料为弹簧钢，弹性模量 $E=210$ Gpa，泊松比 $\mu=0.285$。

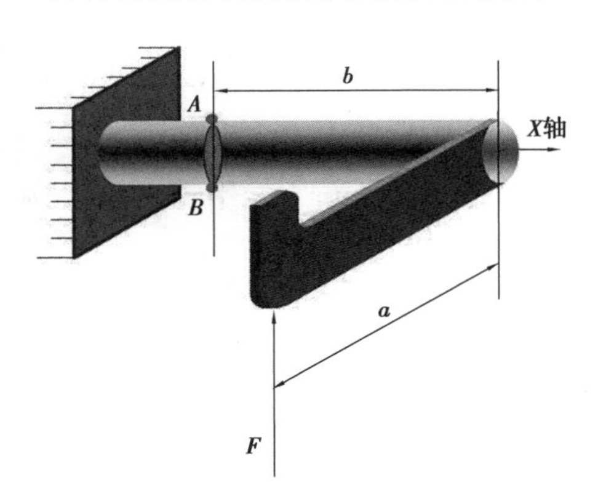

图3.5　弯扭组合实验装置示意图

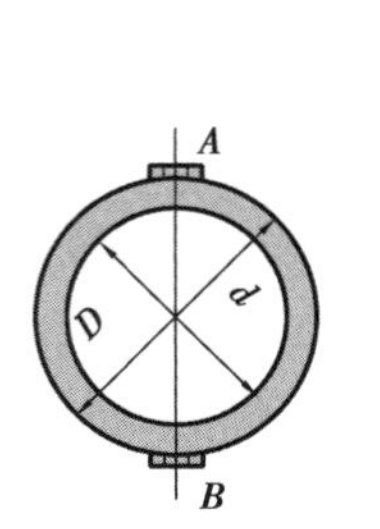

图3.6　应变花粘贴位置示意图

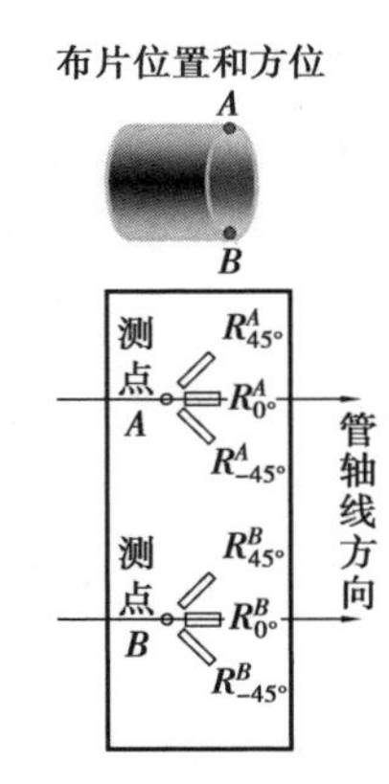

图3.7　测点应变花方向图

4. **实验原理**

本实验是以电测法为基础，是一个综合利用弯扭组合变形理论、应力状态理论和电测技术的设计性实验，通过自主设计测试方案，测量、识别施加于弯扭组合结构中的载荷。实验利用电子万能材料实验机进行加载，电子万能材料实验机软件是经过特殊编程的，可以按实验室预设的加载程序进行逐级加载。对于本实验给出的弯扭组合构件，按照同学们目前掌握的知识，实际上可以设计出不少于4种测试方案。

（1）基本思路

对于如图3.5所示的装置，要想知道载荷 F，可以通过测量指定的横截面的弯矩或扭矩得到。由材料力学理论可知，弯矩 M 和扭矩 T 分别为：

$$M=Fb \tag{3.19}$$

$$T=Fa \tag{3.20}$$

由于 a，b 均为已知常量，因此只要知道弯矩或扭矩中的任意一个，就可算出载荷 F 的大小。

（2）应力状态分析

根据力等效原理，将图3.5中 a 段端部受到的力等效在 b 段右侧端部，应该将其等效为力 F 和扭矩 T，如图3.8所示，则测点 A 和测点 B 所受到的剪力图、扭矩图 T、弯矩图 M 如图3.8所示。

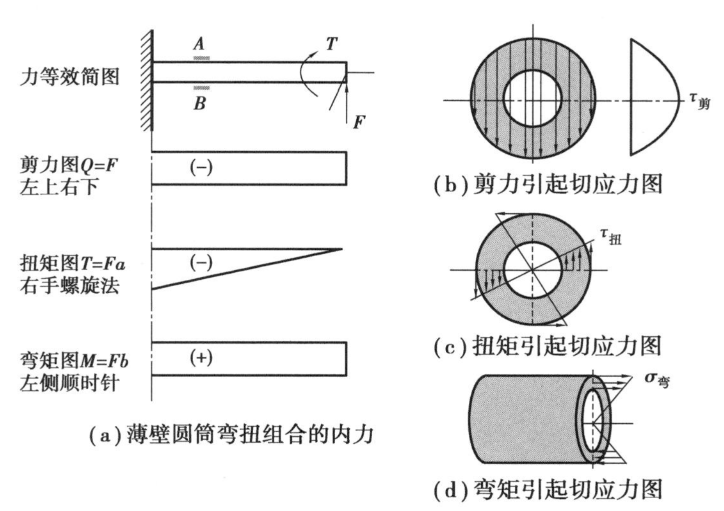

图3.8　测点处的应力分布及简图

由以上分析可知，在测点 A 和 B 的应力状态既有扭矩引起的剪切力，又有弯矩引起的正应力，它们的应力状态为拉扭/压扭组合应力状态。根据叠加原理，此时的应力状态可以简化为等式右端的两个简单的应力状态的叠加，则测点 A 的应力状态由弯矩引起的压应力和扭矩引起的剪切应力组成，测点 B 的应力状态由弯矩引起的拉应力和扭矩引起的剪切应力组成，如图3.9所示。

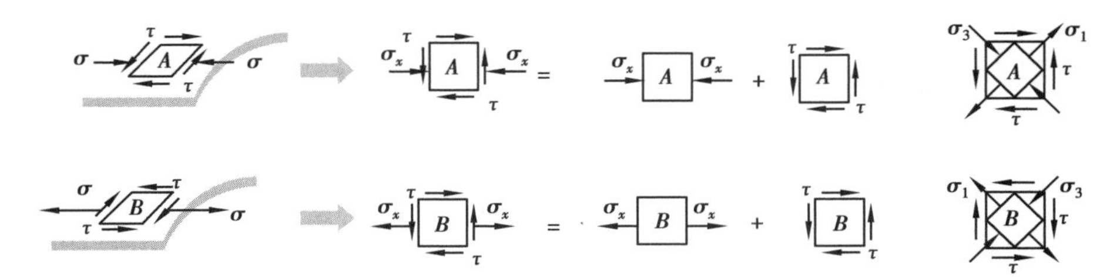

图 3.9 测点 A 和测点 B 的应力分解

假设由弯矩 M 引起的正应力 σ 大小为

$$\sigma=\frac{M}{W_z} \tag{3.21}$$

式中，W_z 为抗弯截面系数，对于空心圆管，其大小为

$$W_z=\frac{\pi D^3(1-\alpha^4)}{32} \tag{3.22}$$

扭矩 T 引起的剪切应力 τ 为

$$\tau=\frac{T}{W_p} \tag{3.23}$$

其中，W_p——抗扭截面系数，对于空心圆管，大小为

$$W_p=-\frac{\pi D^3(1-\alpha^4)}{16} \tag{3.24}$$

根据应力的分解，可以得到测点 A 和测点 B 在-45°、0°、45°方向的应力大小。针对测点 A，由理论可知，弯矩 M 引起的正应力大小为负值：

$$\sigma_A=-\frac{M}{W_z}=-\sigma \tag{3.25}$$

扭矩 T 引起的剪切应力大小为负值：

$$\tau_A=-\frac{T}{W_p}=-\tau \tag{3.26}$$

针对测点 B，由理论可知，弯矩 M 引起的正应力大小为正值：

$$\sigma_B=\frac{M}{W_z}=\sigma \tag{3.27}$$

扭矩 T 引起的剪切应力大小为正值：

$$\tau_B=\frac{T}{W_p}=\tau \tag{3.28}$$

因此可以通过应力状态公式计算出测点 A 和测点 B 在-45°、0°、45°方向的应力大小(图 3.10)。

$$\sigma_{45^\circ}^A=-\frac{\sigma}{2}+\tau \quad \sigma_{0^\circ}^A=-\sigma \quad \sigma_{-45^\circ}^A=-\frac{\sigma}{2}-\tau$$

$$\sigma_{45^\circ}^B=\frac{\sigma}{2}-\tau \quad \sigma_{0^\circ}^B=\sigma \quad \sigma_{-45^\circ}^B=\frac{\sigma}{2}+\tau$$

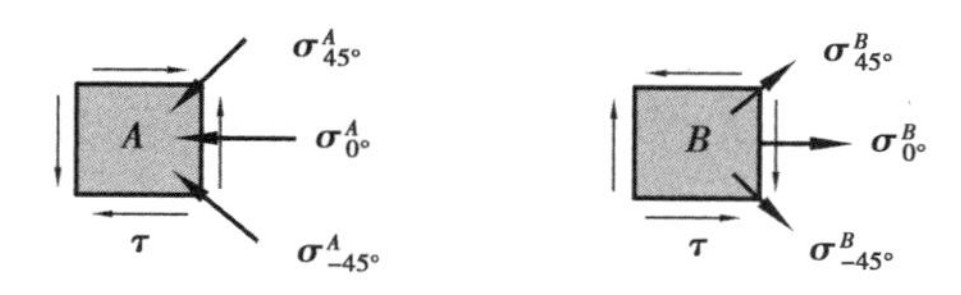

图 3.10　应变片方向的正应力示意图

(3)电桥工作原理

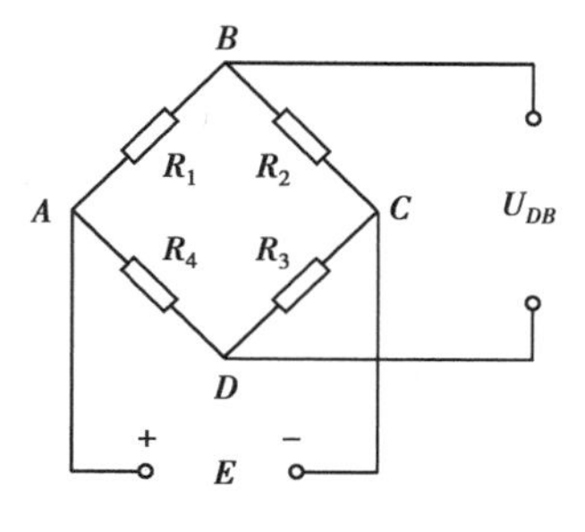

图 3.11　桥式测量电路

常规应变片只能测定某个方向上的线应变。要想找到某个方向上的应变,或者通过多个方向上应变的运算得到某一单向的应变,必须通过组合应变片接入电桥,从而达到计算应力的目的。根据前面的应变仪的基本原理,应变片的桥路为由惠斯通电桥,如图 3.11 所示。

它有 4 个桥臂 R_1、R_2、R_3、R_4 顺序地接在 A、B、C、D 之间,AC 为电源 E,BD 为电桥输出端,其输出电压为 U_{DB}。则有:

$$U_{DB}=\frac{EK}{4}(\varepsilon_1-\varepsilon_2+\varepsilon_3-\varepsilon_4) \tag{3.29}$$

上式表明,U_{DB} 与 ε_1、ε_2、ε_3、ε_4 呈线性关系。式中,ε 为代数值,其符号由变形方向决定,拉为"+",压为"−",显然,不同符号的应变用不同的顺序组桥,会产生不同的测量效果。因此,正确的布片和组桥,可提高测量的精度。

常见的组桥方式有 1/4 桥、单臂半桥、双臂半桥、全桥。1/4 桥由于受到环境干扰大,一般采用单臂半桥,即工作片为 R_1,补偿片为 R_2,接入电路,实现测量某一个应变片应变的功能。根据前面章节应变仪的基本原理的理论,可以知道:

①单臂(1/4 桥)测量,将 AB 桥接应变片,则电桥的输出电压为

$$U_{DB}=\frac{EK}{4}\varepsilon_1 \tag{3.30}$$

②双臂半桥测量,将相邻两桥臂 AB、BC 接应变片,则电桥的输出电压为

$$U_{DB}=\frac{EK}{4}(\varepsilon_1-\varepsilon_2) \tag{3.31}$$

③单臂半桥测量,将相邻两桥臂 AB、BC 分别接入温度补偿片、工作应变片,则电桥的输出电压为

$$U_{DB}=\frac{EK}{4}(\varepsilon_1+\varepsilon_{温}-\varepsilon_{温})=\frac{EK}{4}\varepsilon_1 \tag{3.32}$$

温度补偿片主要用于消除工作片的温度和环境的干扰。

④全桥测量,电桥的输出电压为

$$U_{DB}=\frac{EK}{4}(\varepsilon_1-\varepsilon_2+\varepsilon_3-\varepsilon_4) \tag{3.33}$$

(4)应变关系

由材料力学可知,在小变形条件下,剪切应变是一个微小角度的变化,无法用常规应变片

测定。常规应变片只能测定某个方向上的线应变。为得到剪切应力，我们必须找到剪切力引起的线应变变化，从而反推出剪切应力。

基于电桥组桥的原理，可以通过多种组桥得到相应的纯剪切力引起的应变和纯正应力引起的应变。

可通过刚才计算的下面的结果来自由组合：

$$\sigma_{45°}^{A}=-\frac{\sigma}{2}+\tau,\sigma_{0°}^{A}=-\sigma,\sigma_{-45°}^{A}=-\frac{\sigma}{2}-\tau$$

$$\sigma_{45°}^{B}=\frac{\sigma}{2}-\tau,\sigma_{0°}^{B}=\sigma,\sigma_{-45°}^{B}=\frac{\sigma}{2}+\tau$$

1/4 桥或者单臂半桥仅有一个应变片接入电路，我们可以选取 $\sigma_{0°}^{A}$ 或者 $\sigma_{0°}^{B}$。

双臂半桥需要 2 个应变片接入到电路，我们可以选取 $\sigma_{0°}^{A}$ 和 $\sigma_{0°}^{B}$，$\sigma_{45°}^{A}$ 和 $\sigma_{-45°}^{B}$，$\sigma_{-45°}^{A}$ 和 $\sigma_{45°}^{B}$。全桥可选择 $\sigma_{45°}^{A}$、$\sigma_{-45°}^{B}$、$\sigma_{-45°}^{A}$、$\sigma_{45°}^{B}$ 和 $\sigma_{0°}^{A}$、$\sigma_{0°}^{B}$、$\sigma_{45°}^{A}$、$\sigma_{-45°}^{B}$ 等。获得的应变可通过以下关系换算为应力：

$$\tau=G\gamma \tag{3.34}$$

$$G=\frac{E}{2(1+\mu)} \tag{3.35}$$

$$\sigma=E\varepsilon \tag{3.36}$$

得到应力后通过前面分析的剪切应力与扭矩，正应力与弯曲的关系计算出加载的载荷。

5. 实验步骤

①根据实验原理设计实验方案画出组桥简图并按图将各测点处应变片接入应变仪中。

②应变仪参数设置并调零，对构件加载并测出初载荷以及末载荷各自产生的应变值；利用所测的应变值，计算出未知载荷。

③卸载，拆除导线，关闭电源。

6. 实验原始数据

根据自己的组桥方式，画出组桥方案电路图，具体方案如图 3.12 所示。

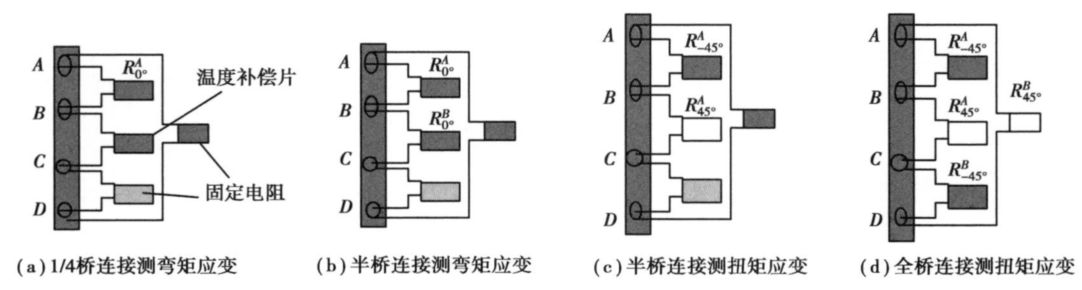

图 3.12　组桥方案参考

表 3.3　数据记录表

测试项目	组桥方式	组桥简图	初载荷应变/με	末载荷应变/με	应变增量/με
弯矩 M	1/4 桥				
	半桥				
扭矩 T	半桥				
	全桥				

7. 实验结果处理方法

针对不同的组桥方式,实验结果计算方式如下:

(1)$\sigma_{0°}^{A}$或者 $\sigma_{0°}^{B}$组 1/4 桥,获得的应变为弯矩 M 引起的应变,则载荷 F 大小可通过仪器测定的应变 $\varepsilon_{仪}$这样计算:

正应力:

$$\sigma = E\left|\varepsilon_{仪}\right| \tag{3.37}$$

$$\sigma = \frac{M}{W_z} = \frac{32Fb}{\pi D^3(1-\alpha^4)} \tag{3.38}$$

则载荷 F 为:

$$F = \frac{E\left|\varepsilon_{仪}\right|\pi D^3(1-\alpha^4)}{32b} \tag{3.39}$$

(2)$\sigma_{0°}^{A}$和 $\sigma_{0°}^{B}$组双臂半桥,获得的应变为弯矩 M 引起的应变,则载荷 F 大小可通过仪器测定的应变 $\varepsilon_{仪}$这样计算:

$$\sigma = \frac{1}{2}E\left|\varepsilon_{仪}\right| \tag{3.40}$$

$$\sigma = \frac{M}{W_z} = \frac{32Fb}{\pi D^3(1-\alpha^4)} \tag{3.41}$$

则载荷 F 为:

$$F = \frac{E\left|\varepsilon_{仪}\right|\pi D^3(1-\alpha^4)}{64b} \tag{3.42}$$

(3)$\sigma_{45°}^{A}$和 $\sigma_{-45°}^{B}$或者 $\sigma_{-45°}^{A}$和 $\sigma_{45°}^{B}$组双臂半桥,获得的应变为扭矩 T 引起的应变,则载荷 F 大小可通过仪器测定的应变 $\varepsilon_{仪}$这样计算:

剪切应力:

$$\tau = \frac{1}{2}G\left|\varepsilon_{仪}\right| = \frac{E\left|\varepsilon_{仪}\right|}{4(1+\mu)} \tag{3.43}$$

$$\tau = \frac{T}{W_p} = \frac{16Fa}{\pi D^3(1-\alpha^4)} \tag{3.44}$$

则载荷 F 为:

$$F = \frac{E\pi D^3(1-\alpha^4)\left|\varepsilon_{仪}\right|}{64a(1+\mu)} \tag{3.45}$$

(4)$\sigma_{45°}^{A}$、$\sigma_{-45°}^{B}$、$\sigma_{-45°}^{A}$、$\sigma_{45°}^{B}$组全桥,获得的应变为扭矩 T 引起的应变,则载荷 F 大小可通过仪器测定的应变 $\varepsilon_{仪}$这样计算:

剪切应力:

$$\tau=\frac{1}{4}G|\varepsilon_{仪}|=\frac{E|\varepsilon_{仪}|}{4(1+\mu)} \tag{3.46}$$

$$\tau=\frac{T}{W_p}=\frac{16Fa}{\pi D^3(1-\alpha^4)} \tag{3.47}$$

则载荷 F 为:

$$F=\frac{E\pi D^3(1-\alpha^4)|\varepsilon_{仪}|}{128a(1+\mu)} \tag{3.48}$$

(5)$\sigma_{0°}^{A}$、$\sigma_{0°}^{B}$、$\sigma_{45°}^{A}$、$\sigma_{-45°}^{B}$组全桥,获得的应变为弯矩 M 引起的应变,则载荷 F 大小可通过仪器测定的应变 $\varepsilon_{仪}$这样计算:

$$\sigma=\frac{1}{3}E|\varepsilon_{仪}| \tag{3.49}$$

$$\sigma=\frac{M}{W_z}=\frac{32Fb}{\pi D^3(1-\alpha^4)} \tag{3.50}$$

则载荷 F 为:

$$F=\frac{E|\varepsilon_{仪}|\pi D^3(1-\alpha^4)}{96b} \tag{3.51}$$

8. 实验报告书写要求

①书写端正、整洁;

②图表规范,可自行设计,标注正确、全面;

③实验原理既要有文字叙述,又要有图示;

④仪器设备既要有文字叙述,又要有系统框图;

⑤报告既要有结论,又要有误差分析;

⑥绘出 1/4 桥、半桥、全桥各自的应变片组桥接线简图;

⑦有好的建议和要求可以提出。

三、振动法测材料弹性模量

1. 实验目的

①了解振动法测量杨氏模量的原理;

②学会用振动法测量杨氏模量的实验方法;

③通过实验,逐步提高综合运用各种测量仪器的能力。

2. **实验设备及仪器**

①动态杨氏模量测量仪；
②信号发生器；
③示波器；
④钢尺，游标卡尺；
⑤天平（精度 0.05 g）。

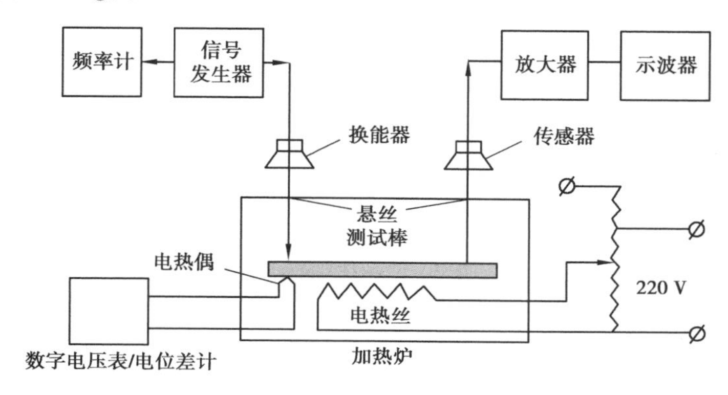

图 3.14　杨氏模量测量仪

3. **实验原理**

测量材料的弹性模量（杨氏模量）的方法有很多，诸如拉伸法、压入法、弯曲法和碰撞法等。拉伸法是常用的方法之一，但该方法使用的载荷较大，加载速度慢，且会产生弛豫现象，影响测量结果的精确度。另外，此法不适用于脆性材料的测量。本实验借助于动态杨氏模量测量仪，用振动法测量材料的杨氏模量。该方法可弥补拉伸法不足，同时还可扩展学生在物体机械振动方面的知识面，不失为一种非常有用和很有特点的测量方法。

振动法测杨氏模量是以自由梁的振动分析理论为基础的。两端自由梁振动规律的描述要解决两个基本问题：固有频率和固有振型函数。本实验只讨论前一个问题，然后以此为基础，导出杨氏模量的计算公式。

当图 3.14 所示的均质等截面两端自由梁（测试棒）做横向振动时，其振动方程为

$$EI\frac{\partial^4 y}{\partial x^4}+m_0\frac{\partial^2 y}{\partial x^2}=0 \tag{3.52}$$

式中　E——杨氏模量；

I——惯性积；

m_0——单位长度质量。

方程（3.52）用分离变量法求解。令

$$y(x,t)=Y(x)T(t) \tag{3.53}$$

代入方程（3.52）和考虑 $m_0=\rho S$（ρ 为梁材料密度，S 为梁截面积），并经整理得

$$\frac{1}{Y(x)}\frac{\mathrm{d}^4y}{\mathrm{d}x^4}=-\frac{\rho S}{EI}\frac{1}{T(t)}\frac{\mathrm{d}^2T(t)}{\mathrm{d}t^2} \tag{3.54}$$

由于上式中的$\frac{1}{Y(x)}\frac{\mathrm{d}^4y}{\mathrm{d}x^4}$、$Y(x)$、$\frac{\mathrm{d}^2T(t)}{\mathrm{d}t^2}$和 $T(t)$既非 x 的函数,亦非 t 的函数,而是等于一个常数(称为分离常数),于是可得到两个独立的常微分方程:

$$\frac{\mathrm{d}^2T(t)}{\mathrm{d}t^2}+\frac{K^4EI}{\rho S}T(t)=0 \tag{3.55}$$

$$\frac{\mathrm{d}^4Y(x)}{\mathrm{d}x^4}-K^4Y(x)=0 \tag{3.56}$$

这两个线性常微分方程的解分别为

$$T(t)=A\cos(\omega t+\varphi) \tag{3.57}$$

$$Y(x)=C_1\mathrm{ch}\,Kx+C_2\mathrm{sh}\,Kx+C_3\cos Kx+C_4\sin Kx \tag{3.58}$$

两端自由梁弯曲振动方程通解为

$$y(x,t)=(C_1\mathrm{ch}\,Kx+C_2\mathrm{sh}\,Kx+C_3\cos Kx+C_4\sin Kx)\times(A\cos(\omega t+\varphi)) \tag{3.59}$$

这个公式称为频率公式,它对于任意形状截面和不同边界条件的试件都是成立的。如果搁置试件的两个刀口在试件的节点附近,则两端自由梁的边界条件为

横向作用力:

$$F=-\frac{\partial M}{\partial x}=-EI\frac{\partial^3y}{\partial x^3}=0 \tag{3.60}$$

弯矩:

$$M=EI\frac{\partial^2Y}{\partial x^2}=0 \tag{3.61}$$

即

$$\left(\frac{\mathrm{d}^3Y}{\mathrm{d}x^3}\middle|x=0\right)=0,\left(\frac{\mathrm{d}^3Y}{\mathrm{d}x^3}\middle|x=L\right)=0,\left(\frac{\mathrm{d}^2Y}{\mathrm{d}x^2}\middle|x=0\right)=0,\left(\frac{\mathrm{d}^2Y}{\mathrm{d}x^2}\middle|x=L\right)=0 \tag{3.62}$$

将通解代入边界条件,可得超越方程:

$$\cos KL\cdot\mathrm{ch}\,KL=1 \tag{3.63}$$

解这个超越方程,经过数值计算得到前几个本征值 K 和试件长度 L 的乘积 KL 的值应满足:

$$KL=0,4.730,7.853,0.996$$

其中 $K_0L=0$ 为第一个根,它与试件的静止状态相对应;第二个根 $K_1L=4.730$ 所对应的频率称为基频频率,试件在作基频振动时,其上有两个节点,它们的位置在离试件端面的 $0.224L$ 和 $0.776L$ 处。若将第一个本征值 $K=4.730/L$ 代入式,则可得到自由振动的第一阶固有圆频率(基频)为

$$\omega=\left[\frac{(4.730)^4EI}{\rho L^4S}\right]^{0.5} \tag{3.64}$$

根据上式可求得杨氏模量的计算公式：

$$E=0.0\,019\,978\frac{\rho L^4 S}{I}\omega^2 \tag{3.65}$$

对于等圆截面试件，应有

$$E_{圆}=1.6\,067\frac{L^3 m}{d^4}f^2 \tag{3.66}$$

这就是振动法杨氏模量的计算公式，式中的 L、d 和 m 分别为等圆截面试件的长度、直径和质量，f 为试件的振动频率。

对宽度为 b、高度为 h 的矩形棒，有

$$E_{矩}=0.94\,466\frac{L^3 m}{bh^3}f^2 \tag{3.67}$$

振动法测量杨氏模量的实验装置如图 3.13 所示。圆截面试件悬挂在两个距离可调的悬丝上。试样在做基频振动时，存在两个节点，分别在 0.224L 和 0.776L 处。试样在节点处是不振动的，实验时悬丝不能吊扎在节点上。而本实验同时又要求在试样两端自由的条件下，检测出共振频率。显然这两条要求是矛盾的。悬挂点偏离节点越远，可以检验到的共振信号越强，但试样受外力的作用也越大，由此产生的系统误差也越大。为了消除误差，可采用内插测量法测出悬丝吊扎在试样节点上时试样的共振频率。具体的测量方法为：逐步改变悬丝吊扎点的位置，逐步测出试样的共振频率 f。设试样端面至吊扎点的距离为 x，以 x/L 为横坐标，共振频率 f 为纵坐标，作图后，从图上内插求出吊扎点在试样节点（x/L=0.224）处的共振频率 f。在推导计算公式的过程中，没有考虑试样任一截面两侧的剪切作用和试样在振动过程中的回转作用。显然这只有在试样的直径与长度之比（径长比）趋于零时才能满足。精确测量时应对试样不同的径长作出修正。

令

$$E_0=KE \tag{3.68}$$

式中　E_0——修正后的弹性模量；

E——未修正的弹性模量；

K——修正系数，K 值见表 3.4。

表 3.4　修正系数表

长径比 d/L	0.01	0.02	0.03	0.04	0.05	0.06
修正系数 K	1.001	1.002	1.005	1.008	1.014	1.019

实验时一般可取径长比为 0.03 ~ 0.04 的试样，径长比较小，反会因试样易于变形而使实验结果误差变大。

对同一材料不同径长比的试样，经修正后可以获得稳定的实验结果。

4. 实验步骤

①用卡尺测定试样直径 d，钢尺测定试样长 L，天平测定试样质量 m。

②将试样正确地悬挂于支架上,悬点在节点($x/L=0.224$)附近,并按要求连线。

③测试前根据试样的材质、尺寸、质量通过理论公式估算出共振频率的数值,并首先在上述频率附近寻找。

④调节信号发生器频率并记录,读取示波器的振动幅值,绘制出频率-幅值的曲线,找出共振点,测出共振频率。

⑤改变悬点位置,考察对测量的影响,同时记录试样端面至吊扎点的距离 x,改变 x 值,测出对应的共振频率值。

⑥测量多个端面至吊扎点的距离 x 的共振频率,以 x/L 为横坐标,共振频率 f 为纵坐标,绘制出曲线,拟合曲线,得到 $x/L=0.224$ 处的共振频率点。

⑦采用公式计算弹性模量,并修正。

5. 实验原始数据

实验数据记录于表3.5,表3.6。

表3.5　数据记录表1

试样材料	试样直径 d	试样长度 L	试样质量 m

表3.6　数据记录表2

序号	端面至吊扎点的距离 x	共振频率 f
1		
2		
3		
⋮		
8		

6. 实验结果处理方法

实验测定数据,以 x/L 为横坐标,共振频率 f 为纵坐标,绘制并拟合曲线,得到 $x/L=0.224$ 处的共振频率点,并通过下面的公式计算弹性模量:

对于等圆截面试件,弹性模量为

$$E_{圆}=1.6067\frac{L^3m}{d^4}f^2 \tag{3.69}$$

式中　L、d、m——等圆截面试件的长度、直径和质量;

f——试件的振动频率。

对宽度为 b、高度为 h 的矩形棒，弹性模量为

$$E_{矩}=0.94\,466\,\frac{L^3m}{bh^3}f^2 \tag{3.70}$$

本实验采用圆截面试样，通过下面式子进行弹性模量修正：

$$E_0=KE$$

式中　E——未修正的弹性模量；

E_0——修正后的弹性模量；

K——修正系数；

K 值见表 3.4。

7. 实验报告书写要求

①书写端正、整洁；

②图表规范，可自行设计，标注正确、全面；

③实验原理既要有文字叙述，又要有图示；

④仪器设备既要有文字叙述，又要有系统框图；

⑤报告既要有结论，又要有误差分析；

⑥绘出$\frac{x}{L}$-f的曲线图；

⑦若有好的建议和要求可以提出。

四、压杆稳定实验

1. 实验目的

①观察细长受压杆中心丧失稳定的现象；

②掌握压杆的临界压力的测定方法；

③用实验方法测定两端铰支条件下细长压杆的临界压力 $P_{cr测}$，增强对压杆承载及失稳的理性认识；

④理论计算两端铰支条件下细长压杆的临界压力 $P_{cr理}$，与实测值进行比较，并计算误差，分析误差产生的原因。

2. 实验仪器及设备

①电子万能材料试验机；

②精度 0.01 mm 的数字游标卡尺；

③静态电阻应变仪；

④两端铰支压杆试件；

⑤实验记录本和计算器；

3. 实验材料及试样

压杆尺寸为：厚度 $h=3$ mm，宽度 $b=30$ mm，长度 $l=580$ mm，如图3.14所示。材料为弹簧钢，弹性模量 $E=210$ GPa，比例极限 $\sigma_P=200$ MPa。

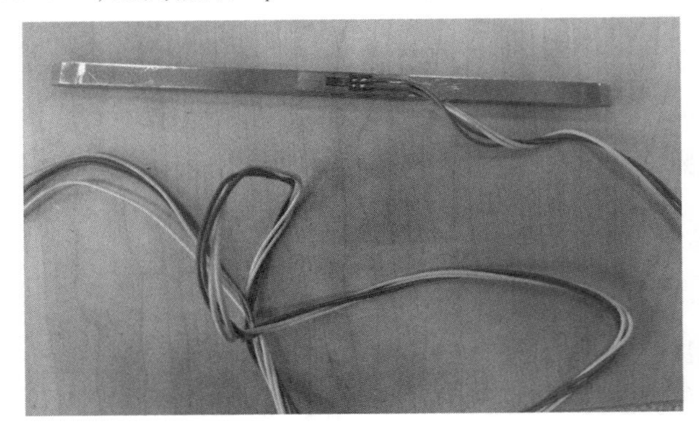

图3.14　试样实物图

4. 实验原理

当细长杆受压时，它表现出与受拉杆件和受压短柱全然不同的失效现象，失效并非强度不足，而是稳定性不够。工程结构中有很多受压的细长杆，如内燃机蒸汽机等的连杆、桁架结构中的抗压杆、建筑物中的柱等。

材料力学里，压杆稳定性较难理解，比较抽象，压杆稳定的临界应力一般很小，有时甚至低于比例极限，加载过程中要随时观察极限临界压力，要求加载精度高，该实验用电子万能材料试验机测出压杆临界力。

细长杆受轴向压力较小时，杆的轴向变形较小，它与载荷是线弹性关系。即使给杆以微小的侧向干扰力使其稍微弯曲，解除干扰后，压杆最终也将恢复其直线形状，如图3.15(a)所示，这表明压杆平衡状态是稳定的。

当轴向压力逐渐增大，超过某一值时，压杆受到微小的干扰力后弯曲，解除干扰后，压杆不能恢复原来的直线形状，将继续弯曲，产生显著的弯曲变形，即丧失了原有的平衡状态，这表明压杆的平衡状态是不稳定的，如图3.15(b)所示。

使压杆直线形态的平衡状态开始由稳定转变为不稳定的轴向压力值，称为压杆的临界载荷，用 P_{cr} 表示。压杆丧失其直线形状的平衡而过渡为曲线平衡，称为丧失稳定或简称失稳。

假设理想压杆，若以压力 P 为纵坐标，压杆中点挠度 f 为横坐标，按小挠度理论绘出的 P-f 曲线图，见图3.15(c)。当压杆所受压力 P 小于试件的临界压力 P_{cr}，中心受压的细长杆在理论上保持直线形状，杆件处于稳定平衡状态，在 P-f 曲线图中即为 OC 段直线；当压杆所受

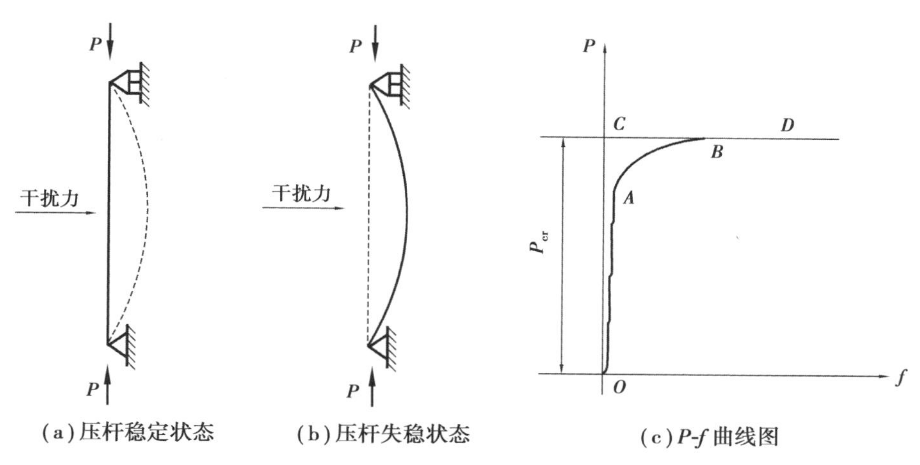

图 3.15　压杆的平衡状态

压力 $P \geqslant P_{cr}$ 时，杆件因丧失稳定而弯曲，在 P-f 曲线图中即为 CD 段直线。由于试件可能有初曲率，压力可能偏心，以及材料的不均匀等因素，因此实际的压杆不可能完全符合中心受压的理想状态。在实验过程中，即使压力很小，杆件也会发生微小弯曲，中点挠度会随压力的增加而增大，如 OAB 曲线。

压杆失稳时(图 3.16)，若令压杆轴线为 x 坐标，压杆下端点为坐标轴原点，则在 $x=l/2$ 处，横截面上的内力为

$$N=-P, M=Pf \tag{3.71}$$

横截面上的应力为

$$\sigma=\frac{-P}{A} \pm \frac{M \cdot y}{I_{\min}} \tag{3.72}$$

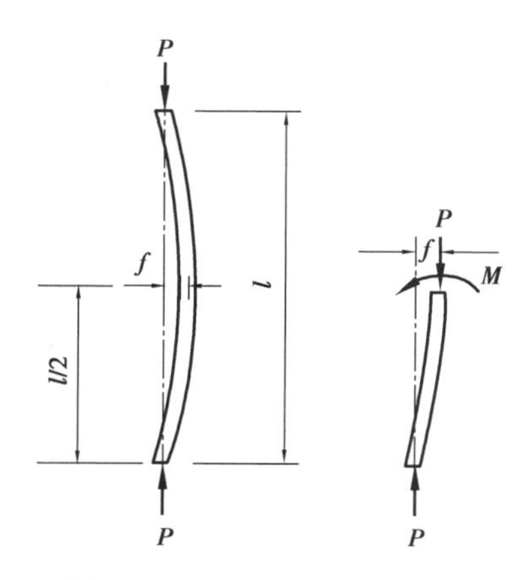

图 3.16　压杆受压的受力分析

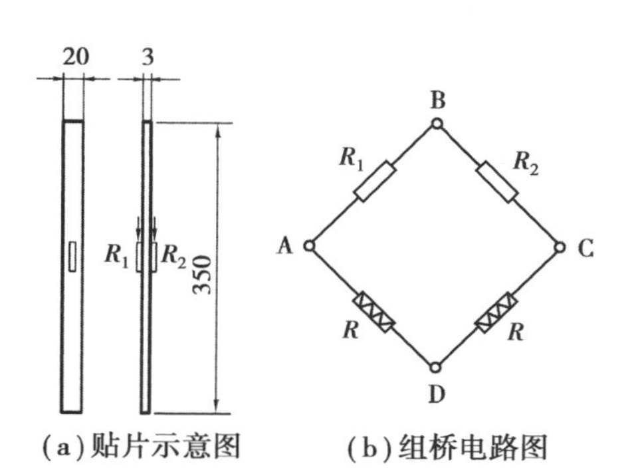

图 3.17　应变片分布

在压杆 $x=l/2$ 处沿轴向两侧粘贴应变片，如图 3.17(a)所示。将应变片按照图 3.17(b)半桥测量电路接至应变仪上，可消除由轴向力产生的应变。此时，应变仪测得的应变只是由弯矩引起的，且是弯矩 M 引起的应变的两倍，即：$\varepsilon_M=\frac{\varepsilon_{测}}{2}$。

弯矩引起的正应力:

$$\sigma=\frac{M\cdot y}{I_{\min}}=\frac{Pf\cdot\frac{h}{2}}{I_{\min}}=E\varepsilon_M=E\cdot\frac{\varepsilon_{测}}{2} \tag{3.73}$$

故有:

$$f=\frac{EI_{\min}\varepsilon_{测}}{Ph} \tag{3.74}$$

可见:在一定载荷 P 范围,实测应变大小反映了压杆中点挠度大小,可将 P-f 曲线图用 P-$\varepsilon_{测}$ 曲线图代替。

压杆临界压力 $P_{cr测}$ 可由 P-$\varepsilon_{测}$ 曲线图 3.18 中 AB 段的渐近线 CD 所对应的载荷确定。

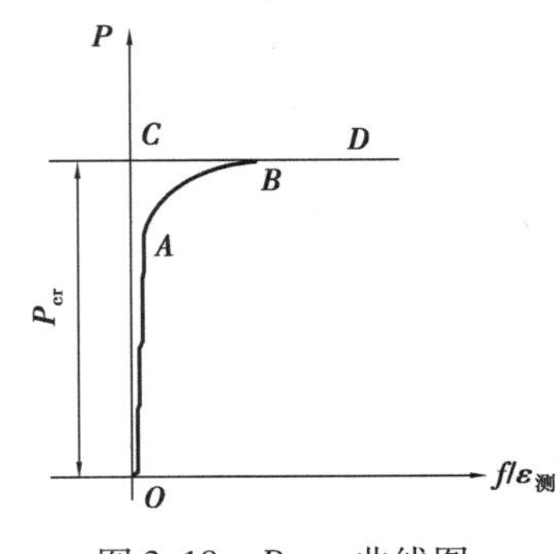

图 3.18 P-$\varepsilon_{测}$ 曲线图

基于压杆稳定的理论,保持压杆保持微小弯曲平衡的最小压力即为临界压力。根据杆件挠曲线的近似微分方程:

$$\frac{d^2\omega}{dx^2}=\frac{M}{EI} \tag{3.75}$$

给定两端铰接的边界条件,可得出两端铰支的杆件的欧拉公式:

$$F_{cr}=\frac{\pi^2EI}{l^2} \tag{3.76}$$

杆件不同支撑方式下,欧拉屈曲公式为:

$$F_{cr}=\frac{\pi^2EI}{(\mu l)^2} \tag{3.77}$$

式中 μ——长度因数,两端铰支取 1,一端固定,另一端铰支取 0.7,两端固定取 0.5,一端固定,另一端自由取 2。

压杆稳定的欧拉公式要求压杆必须是大柔度杆,即满足 $\lambda\geqslant\lambda_1$,其中 λ 和 λ_1 分别为:

$$\lambda_1=\pi\sqrt{\frac{E}{\sigma_P}} \tag{3.78}$$

$$\lambda=\frac{\mu l}{i} \tag{3.79}$$

$$i=\sqrt{\frac{I_{\min}}{A}} \tag{3.80}$$

5. 实验步骤

①在试样中间部位 3 次测定试样宽度和厚度,并记录。

②启动试验机,调整横梁到合适位置,将压杆稳定安装在两端铰支支承中间。

③采用半桥桥路,将试样两侧应变片导线连接到应变仪上。

④加载前,试验机载荷清零、应变仪读数清零。

⑤分级逐级施加载荷,并记录载荷 P 值和对应的应变 ε 值。按欧拉公式计算 P_{cr},在初载荷到 $0.8P_{cr}$ 之间分 5 级加载,之后应变仪读数每增加 20 $\mu\varepsilon$ 记录一次载荷,直至应变接近并不超过 1 000 $\mu\varepsilon$,停止加载。

⑥卸载,取下试件,退出程序,关闭试验机和应变仪电源,整理好试验台,结束实验。

6. 实验原始数据

实验数据记录于表 3.7。

表 3.7　实验数据记录表

压力 P	应变 ε	挠度 f

绘制如图 3.19 所示的 P-$\varepsilon_{测}$ 曲线图,确定临界压力测试值 $P_{cr测}$。

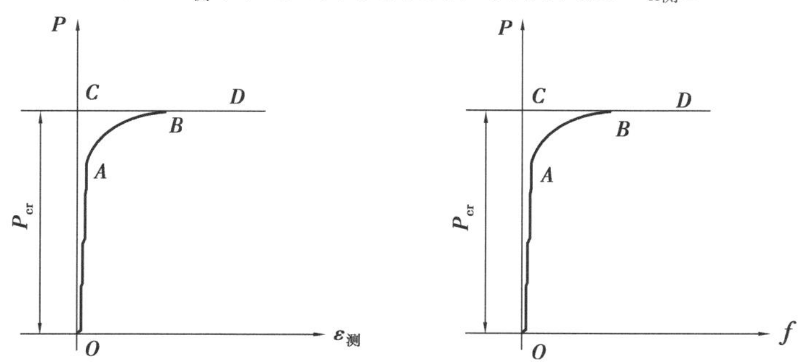

图 3.19　P-$\varepsilon_{测}$ 和 P-f 曲线图

7. 实验结果处理方法

①判断是否为大柔度杆。

$$\lambda_1=\pi\sqrt{\frac{E}{\sigma_P}}=\pi\sqrt{\frac{2\times10^{11}}{200\times10^{6}}}\approx100 \tag{3.81}$$

$$\lambda=\frac{\mu l}{i}=,i=\sqrt{\frac{I_{\min}}{A}} \tag{3.82}$$

$$\lambda\geqslant\lambda_1 \tag{3.83}$$

②计算临界压力。

$$P_{cr}=\frac{(3.14)^2 EI_{min}}{(\mu l)^2} \tag{3.84}$$

式中 μ 为 1。

③比较实验结果和理论结果。

8. 实验报告书写要求

①根据记录的数据,绘制应变-位移曲线图,并标出临界点;

②根据记录的数据,计算各试件的临界压力,并与理论值进行比较;

③分析不同长度、截面形状和支座约束对临界压力的影响,并说明原因;

④总结实验中遇到的问题和收获,并提出改进意见。

五、基于 DIC 的应力集中测量

1. 实验目的

①掌握应力集中的基本概念;

②了解 DIC(Digital Image Correlation,数字图像相关)光学应变测试系统测量技术的基本原理和测量方法;

③测定试样孔边应变分布云图,观察应力集中的现象;

④绘制靠近和远离圆孔孔边的拉应力与距离的曲线图。

2. 实验设备及仪器

①全场光学应变测量系统(包括一台数字相机、两个补光灯、一个同步控制器、一个图像采集卡和一台计算机);

②万能材料试验机;

③游标卡尺;

④散斑漆(白色、黑色各一瓶)。

图 3.20　全场光学应变测量系统

3. 实验设备介绍

全场应变测量系统(图 3.20)是一种基于数字散斑的非接触式全场光学应变测量系统,主要用于测量试件表面的全局应变场、纵向应变、横向应变及泊松比等参数。

全场应变测量系统有二维全场应变测量系统和三维全场应变测量系统。它们均由数字相机、补光灯、同步控制器、图像采集卡、计算机、云台支架组成。二维全场应变测量系统有1台数字相机,能够准确测量二维平面内的应变场。三维全场应变测量系统由2台数字相机组成,能够测量试件三维曲面上的应变场。它们均通过拍照获取试样的变形过程中的图像,将变形后的图像与原始图像比对,计算出应变场。其优点是能够进行非接触式测量,同时可以获取全场各个方向的应变。但是其精度最多能够到20 με,而且需要精湛的散斑喷涂、相机焦距调整、DIC 软件操作技术才能达到。一般测量精度仅仅能够达到约100 με,比传统应变片的精度要小很多。

全场光学应变测量系统如图3.21所示。

图3.21 全场光学应变测量系统

DIC 技术的基本原理是利用数字图像处理技术,对物体表面的散斑图像进行相关分析,计算图像中的子区域(称为相关区域)在变形前后的相对位移,从而得到物体表面的位移场和应变场。DIC 技术的主要步骤如下:

①散斑制备:在物体表面喷涂白色底漆,待白漆干后,喷涂黑色点状漆,形成随机的散斑图案,作为 DIC 的测量基准;

②图像采集:使用数字相机对物体表面的散斑图像进行连续拍摄,记录物体在加载过程中的变形情况;

③图像校正:使用标定板对图像进行几何校正,消除相机的畸变和透视效应,提高测量精度;

④图像相关:使用相关算法对图像进行分析,计算每个相关区域在变形前后的相对位移,得到物体表面的位移场;

⑤应变计算:使用有限元法或最小二乘法对位移场进行微分,得到物体表面的应变场;

⑥应力计算:根据物体的材料属性和边界条件,使用本构方程或平衡方程对应变场进行转换,得到物体表面的应力场。

4. 实验材料及试样

本实验选用弹簧钢作为基础材料,制作了两种带圆孔的板状试样,如图3.22所示。材料的弹性模量:200 GPa,泊松比:0.3。试样1采用中间圆孔的试样,试样宽度 d 为30 mm,圆孔

直径 D 为 10 mm，试样长度 L 为 280 mm。试样 2 采用边沿圆孔的试样，试样宽度 d 为 40 mm，圆孔直径 D 为 20 mm，试样长度 L 为 280 mm。试样厚度 t 均为 2 mm。

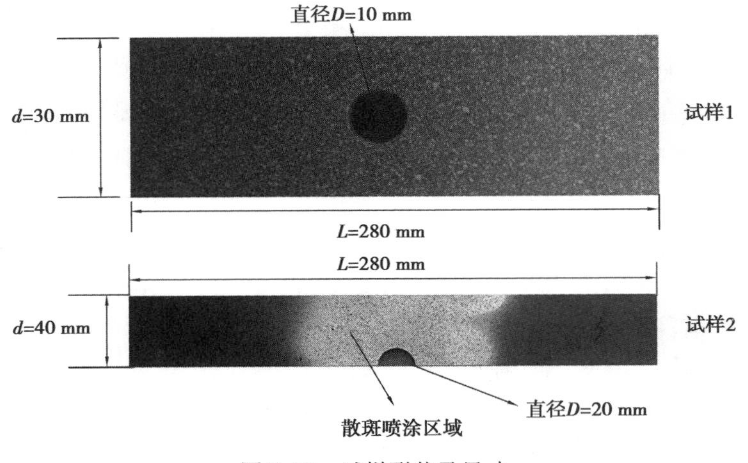

图 3.22　试样形状及尺寸

5. 实验原理

(1)应力集中

等截面直杆受轴向拉伸或压缩时，横截面上的应力是均匀分布的。由于实际需要，有些零件必须有切口、切槽、油孔、螺纹、轴肩等，以至于在这些部位上截面尺寸发生突然变化。实验结果和理论分析表明，在零件尺寸突变处的横截面上，应力并不是均匀分布的。例如开有圆孔或切口的板条受拉时，如图 3.23 所示，在圆孔或切口附近的局部区域内，应力将剧烈增加，但在离开圆孔或切口稍远处，应力就迅速降低而趋于均匀。这种因杆件外形突然变化，而引起局部应力急剧增大的现象，称为应力集中。

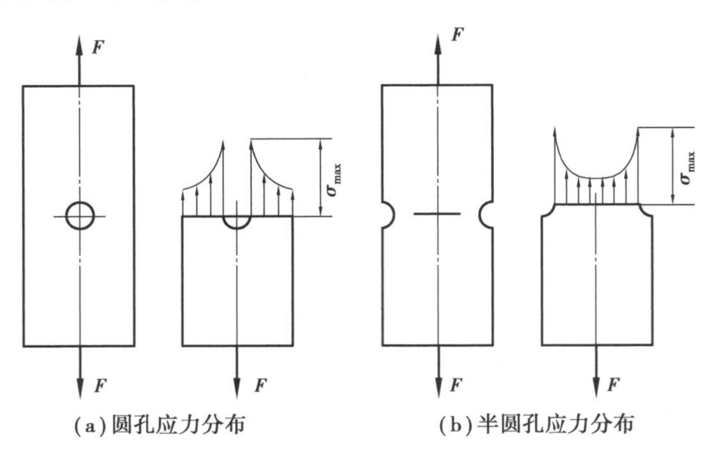

图 3.23　圆孔试样孔周边轴线应力分布

假设发生应力集中的截面上的最大应力为 σ_{max}，同一截面上的平均应力为 σ，则比值称为理论应力集中因数 K：

$$K=\frac{\sigma_{\max}}{\sigma} \tag{3.85}$$

K 反映了应力集中的程度，是一个大于 1 的因数。K 越大，应力集中的程度越严重。实验结果表明：截面尺寸改变得越急剧、角越尖、孔越小，应力集中的程度就越严重，因此，零件上应尽可能地避免带尖角的孔和槽，在阶梯轴的轴肩处要用圆弧过渡，而且应尽量使圆弧的半径大一些，如图 3.24 所示的齿轮设计。

图 3.24　齿轮的应力集中现象

缺口形状的试样对构件承载的影响很大，对于椭圆孔，孔边最大应力 $\sigma_{\max}$ 为

$$\sigma_{\max}=\sigma\left(1+\frac{2a}{b}\right) \tag{3.86}$$

式中　a——椭圆长轴；

　　　b——椭圆短轴。

因此，对于圆孔，当 $a=b$ 时，$\sigma_{\max}=3\sigma$，即应力集中因数 $K=3$。当 $a>b$ 时，缺口为椭圆孔，$\sigma_{\max}>3\sigma$，如：$a/b=2$ 时，$K=5$；$a/b=10$ 时，$K=21$；$a/b=100$ 时，$K=201$。由此可以看出，缺口越尖锐，应力集中因数 K 越大。

（2）数字图像处理基本概念

当把一个物体的图像输入至计算机系统时，将每个连续图像描述为 $N\times M$ 的矩阵的形式，矩阵的每一个元素称为像素 $P(i,j)$，它是一个非负值标量，因为图像光强没有负值。图像上每个像素的光强用灰度来表示，目前常用的是 256 灰度级，即 $P(i,j)$ 数值为 0～255 。

从实际图像转变为矩阵关系时，常把图像的 (x,y) 坐标原点设在左下角，而像素 $P(i,j)$ 的坐标原点则通常是从矩阵的左上角开始。这样 x 与 i 有着对应关系，而 y 则与 j 相反，如下式所示：

$$i=\frac{D_x}{N}\qquad 0\leqslant i\leqslant N \tag{3.87}$$

$$j=M-\frac{D_y}{M}\qquad 0\leqslant j\leqslant N \tag{3.88}$$

式中　N——一列的最大像素数；

　　　M——一行的最大像素数；

D_x——x 方向的距离；

D_y——y 方向的距离。

通常(i,j)由$(0,0)$开始，而 $P(i,j)$则为图像在 $P(i,j)$所代表的面积上照明光的平均值。

数字图像相关测量系统采集到的图像实际是以矩阵形式存储在计算机中，为了方便理解，可以用$f(x,y)$代表变形前的图像，$g(x',y')$代表变形后的图像。数字图像相关方法的基本原理如图 3.25 所示，先在变形前的图像中以待测量点(x_0,y_0)为中心选取一定大小的子区作为参考图像子区，然后通过一定的相关搜索方法在变形后的图像中找到与参考图像子区相关性最大的以(x_0',y_0')为中心的目标图像子区。测量点(x_0,y_0)的位移为：$u=x_0'-x_0$，$v=y_0'-y_0$。此处计算出的位移图片上的位移（单位是像素），然后结合标定结果重建世界坐标，可以得到待测点的实际位移。

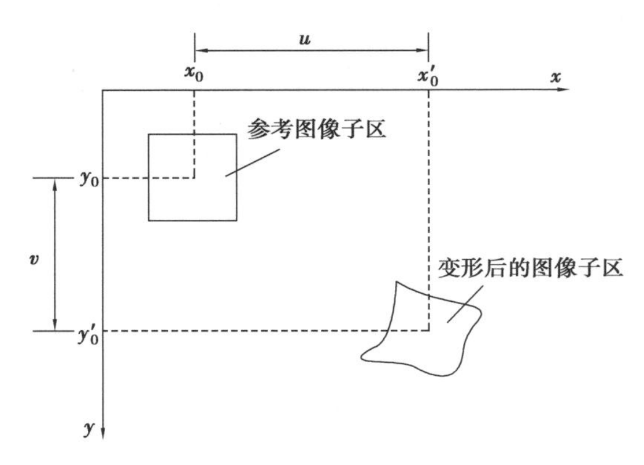

图 3.25　变形前后的参考图像子区

6. 实验步骤

①打开试验机，选择合适的运行程序。

②试样装夹在试验机上，松开一端楔形夹头，试验机示数清零，再夹紧该夹头，控制试验机力回零。

③调整 DIC，使摄像头清晰并正对试样，试样的视场在屏幕中间，设置参数单帧拍摄，并拍摄初始位置图像 1。

④运行试验机，力保载 2 000 N 稳定时拍摄图像 2，力保载 4 000 N 稳定时拍摄图像 3，力保载 6 000 N 稳定时拍摄图像 4。

⑤停止试验机，控制试验机力回零（不是数值清 0），松开试样下楔形夹头。

⑥利用 DIC 软件计算不同应力作用下的应变值。

7. 实验原始数据

（1）通过 DIC 软件计算得到的 Y 方向应变云图，如图 3.26 所示，观察和描述看到的应力集中现象，描述孔四周应变分布情况，描述靠近和远离孔边 Y 方向应变变化情况。

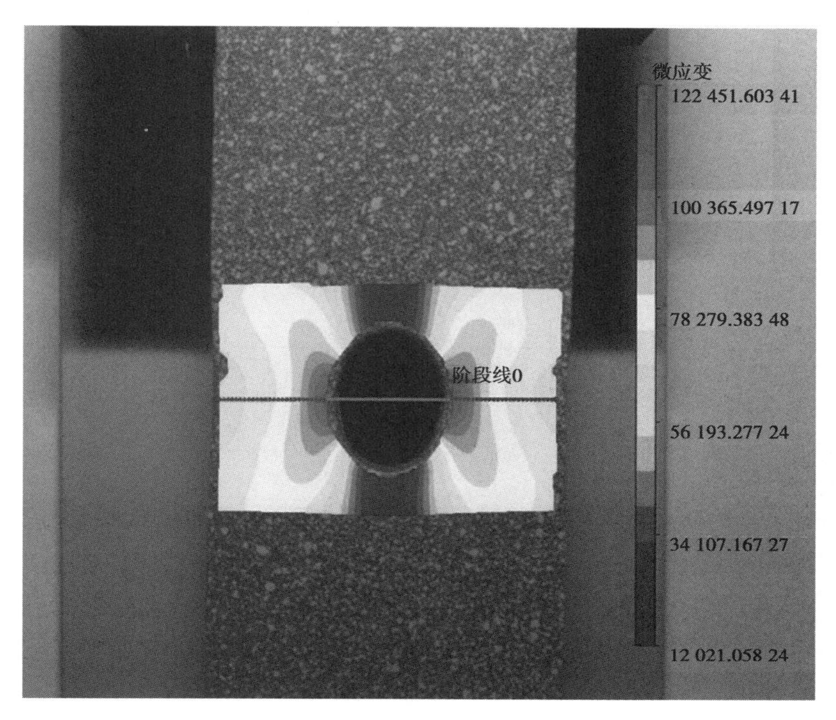

图 3.26　计算出的 Y 方向应变云图

(2)通过 DIC 软件计算得到孔位置沿宽度方向的轴向(Y 方向)应变曲线图,如图 3.27 所示。导出数据,并将数据填入表 3.8 中,绘制出宽度—应力曲线图。

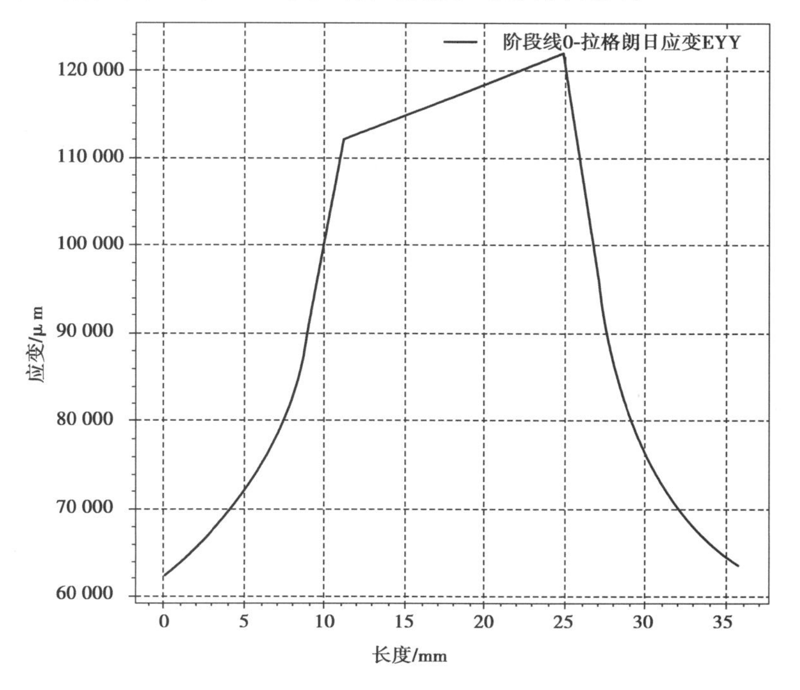

图 3.27　孔位置沿宽度方向的轴向(Y 方向)应变曲线图

表 3.8　实验数据记录表

宽度	应变	应力

8. 实验结果处理方法

根据 DIC 系统输出的数据，得到 Y 方向的应变云图，并观察和描述看到的应力集中现象，描述孔四周应变分布情况，描述靠近和远离孔边 Y 方向应变变化情况。

通过 DIC 软件计算得到孔位置沿宽度方向的轴向（Y 方向）应变曲线图，可以看出试样孔边的应力集中程度，并分析 DIC 技术和传统应变片测量的优缺点。

9. 实验报告书写要求

①书写端正、整洁；
②图表规范，可自行设计；
③标注正确、全面；
④实验原理既要有文字叙述，又要有图示；
⑤仪器设备既要有文字叙述，又要有系统框图；
⑥报告既要有结论，又要有误差分析；
⑦若有好的建议和要求，可以提出。

第二部分

理论力学实验

第四章
理论力学基础实验

一、静力学重心测量

1. 实验目的

①掌握合力矩定理的基本概念以及应用；
②掌握重心的基本概念、实验测试方法；
③学会利用力学原理测定物体的重心；
④设计测量方案判断盲盒中钢球的位置。

2. 实验仪器和设备

①带有 5×5 圆孔的盲盒(内含 1 ~3 个质量相同的钢球),如图 4.1 所示；
②电子秤 3 个；
③钉子若干。

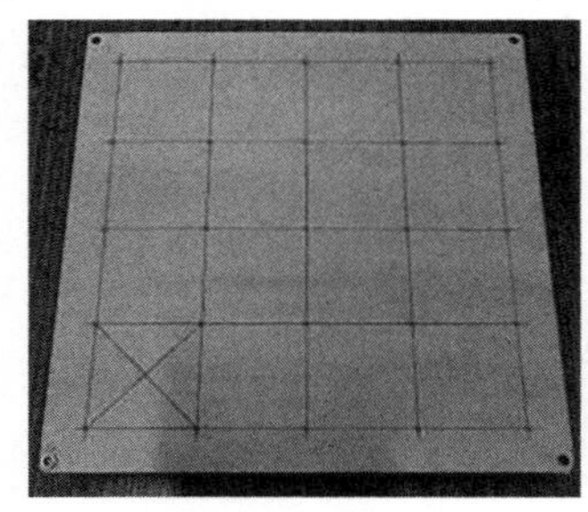
(a)盲盒实物图

(b)盲盒内部图

图 4.1　5×5 圆孔盲盒

3. 实验材料及试样

①盒体含自身所有零件自重为 580 g±5 g；

②盒体本身设计尺寸及实物均高度对称，如图 4.2 和图 4.3 所示；

③每个 20 mm 直径钢球的重量为 110 g±0.1 g。

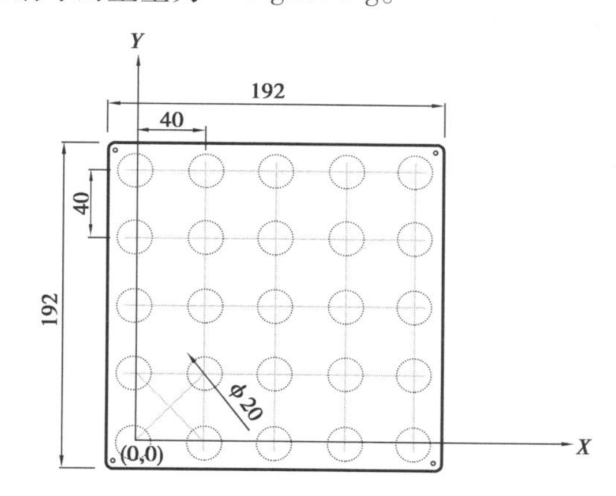

图 4.2　几何尺寸说明（单位：mm）

图 4.3　安装构造图（上下盖未显示）

4. 实验原理

（1）基本概念

地球半径很大，地球表面物体的重力可以看作是平行力系，此平行力系的中心即物体的重心。重心有确定的位置，与物体在空间的位置无关。

确定重心的方法有：

1)简单几何形状物体的重心

质地均匀的物体有对称面,或对称轴,或有对称中心,物体的重心必在这个对称面,或对称轴,或对称中心上。质地均匀、外形规则物体的重心在它的几何中心上。例如:均匀细棒的重心在它的中点;球的重心在球心;方形薄木板的重心在两条对角线的交点。

2)用组合法求重心

①分割法

若一个均质物体由几个简单形状的物体组合而成,而这些物体的重心是已知的,那么可将整个物体分隔为简单几何形状的物体,再计算平行力系的中心即重心。

②负面积/体积法

若一个均质物体由简单图形(或几个简单图形组合而成)挖去一部分组成,则这类物体的重心可以用分割法来求得,计算时要将切去的体积或者面积取负值。

工程中,一些外形复杂或者质量分布不均匀的物体很难用计算方法求其重心,此时可以用实验方法测定重心位置。常见的实验测定重心的方法有悬挂法、称重法、支撑法等。

a. 支撑法

利用支撑法如图4.4所示,可快速找出简易物体的重心的大致位置。

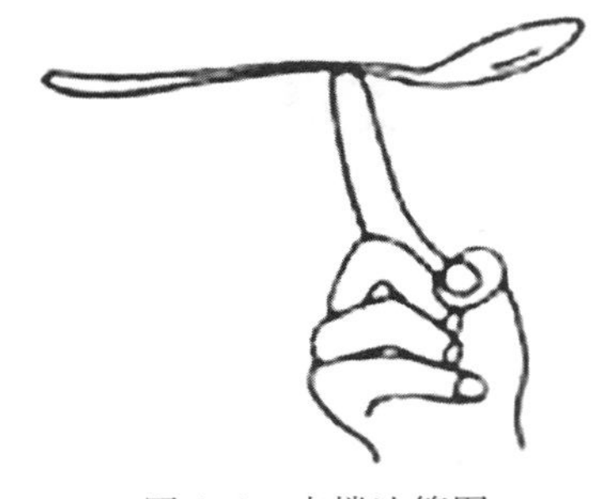

图4.4　支撑法简图

b. 悬挂法

对于静止的物体而言,只受两个力,重力和拉力,由于二力平衡时两力必相等方向反向且处于一条直线上(保证力矩平衡),即重力与绳子处于一条直线上,因此绳子的直线通过重心(重力作用点);两次悬挂的绳线都通过重心,其交点必然就是重心了。悬挂法简图如图4.5所示。

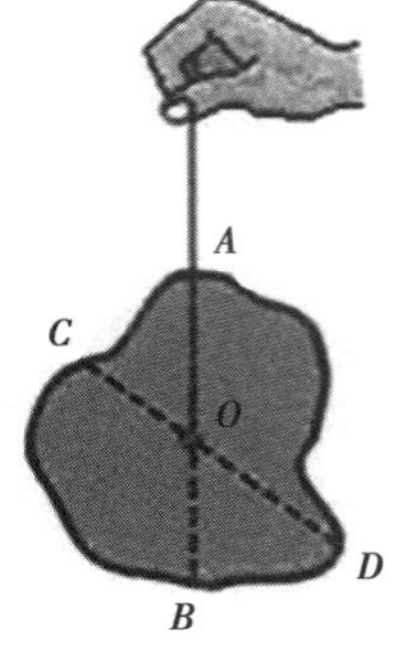

图4.5　悬挂法简图

c. 称重法

称重法基本方法是根据力矩平衡建立方程,即利用重力到支点的力矩与测量力到支点的力矩在平面内平衡来进行测量的,如汽车的重心测量,示意图如图 4.6 所示。

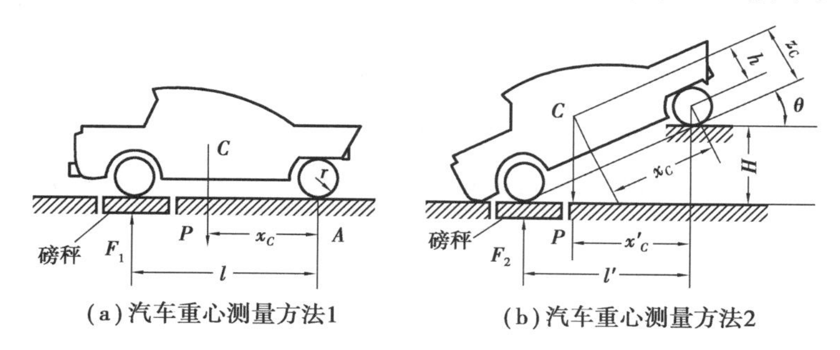

(a)汽车重心测量方法1　　(b)汽车重心测量方法2

图 4.6　称重法示意图

(2)合力矩定理

取物体上的空间直角坐标系 $Oxyz$,设物体的重心坐标为 x_c, y_c, z_c,如图 4.7 所示,将物体分成 n 个微小部分,每个微小部分所受重力分别为 $W_1, W_2, \cdots, W_n$,各力作用点的坐标分别为 $(x_1, y_1, z_1), (x_2, y_2, z_2), \cdots, (x_n, y_n, z_n)$。$W$ 是各重力 $W_1, W_2, \cdots, W_n$ 的合力。根据合力矩定理,合力 W 对轴之矩等于各分力对同轴之矩的代数和。如对 y 轴之矩有:

$$\omega x_c = W_1 x_1 + W_{2x} x_2 + \cdots + W_n x_n \tag{4.1}$$

可得

$$x_c = \frac{\sum W_i x_i}{W} \tag{4.2}$$

同理可得

$$y_c = \frac{\sum W_i y_i}{W} \quad z_{c=} = \frac{\sum W_i z_i}{W} \tag{4.3}$$

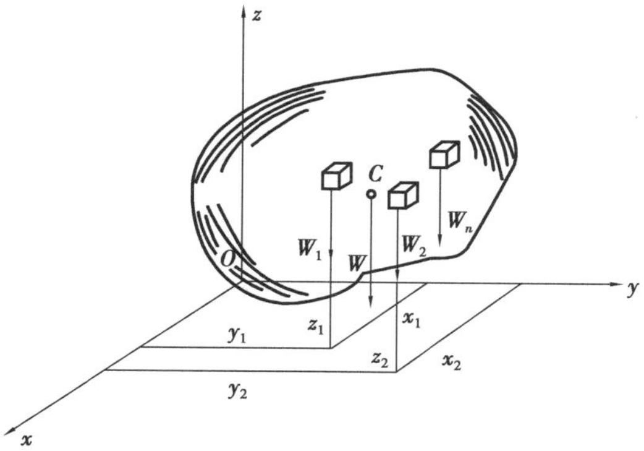

图 4.7　物体重心计算原理图

5. 实验步骤

(1)实验描述

在一个带有5×5个圆孔的盒子中,盒子如图4.8所示,随机放置有1～3个质量相同的钢球。在放置好钢球后,盒子通过上下盖用螺丝拧紧密封起来,形成一个盲盒。实验中不允许打开或者窥视盒子内部的钢球排列,也不允许对盒子有任何的破坏性操作。实验时可使用3台电子秤对盒子进行多次称量,若能通过称量结果准确地计算出盒子整体的重心位置和钢球位置,即完成实验。

(2)实验流程

①根据要求分组设计称重方案并自行测试,下课前完成测试,测试完成后向指导教师描述方法;

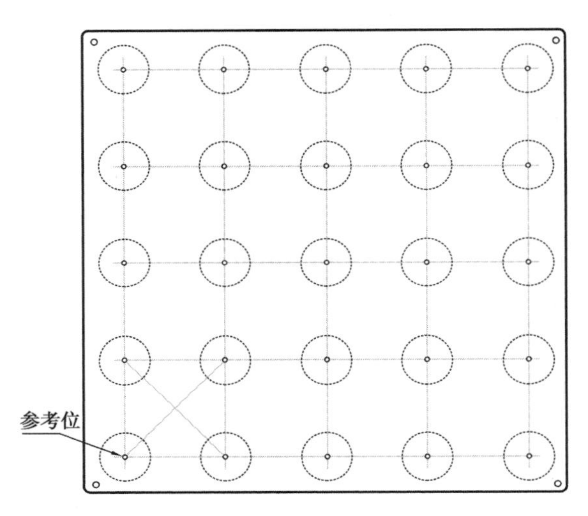

图4.8　5×5圆孔盒子

②在实验报告实验原始数据处填写盲盒编号、重心坐标、钢球个数、坐标位置等结果,并将图片(图4.8)中钢球的位置涂黑。在实验报告结果分析处填写实验方案。

6. 实验数据记录

表4.1　重心测试数据记录表

盲盒编号	盲盒重心位置	盲盒内钢球个数

表4.2　钢球位置坐标及示意图(图片有钢球的位置涂黑)

钢球1坐标	钢球2坐标	钢球3坐标

7. 实验要求及评分规则

(1)实验要求

①请自带草稿纸、笔和尺子等文具。可以使用电脑、手机、书籍资料等工具,可以上网查询资料;

②实验中不能破坏提供的任何工具,使用电子秤时请注意轻拿轻放;

③实验时间到之后,请立即提交结果并返还所有工具,不得继续实验;

④实验开始 1 h 后允许提前提交结果并向老师介绍方案,通过后老师签字;

⑤实验方案需提前写在草稿纸上,介绍时间为 1 min,可以通过公式、图表和示意图等展示方案。

(2)评分规则

①项目分=测量分(60 分)+ 方案分(40 分);

②准确测量盲盒整体重心位置 30 分,找出钢球个数并找出钢球的位置 30 分,测量分共计 60 分;

③方案分由两部分构成:方案可行性(20 分)和方案完整性(20 分)。

注意:a. 破坏盲盒实验得 0 分。

b. 方案可行性是指所设计方案遵守了基本的物理原理,测量过程有合理清晰的解释;方案完整性是指考虑了实际测量中的不确定因素和误差等,引入了定量化分析。

8. 实验报告书写要求

①书写端正、整洁;

②图表规范,可自行设计;

③标注正确、全面;

④实验原理既要有文字叙述,又要有图示;

⑤仪器设备既要有文字叙述,又要有系统框图;

⑥报告既要有结论,又要有误差分析;

⑦若有好的建议和要求,可以提出。

二、理论力学模型演示

本节将对理论力学运动教学系列模型进行介绍,该系列模型将形象演示整个运动学的有关概念,共分为 6 个单元。

1. 机构运动简图

由于运动学研究的是物体运动的几何性质,可以撇开实质机构的复杂外形和连接方式,抽象成机构运动简图,因此运动学里所提到的许多机构都不是实质的机构,而是一些由简单线条组成的机构运动简图,就像图示的机构简图,这些是根据运动学研究问题的性质,从实质机构中抽象得来的。这里可以把抽象图形和形象实物对照来理解,抽象概念形象化的目的,不只是单纯为了理解,更主要的还在于能把形象数字抽象化。

如图4.9所示,2号是抽水机模型,3号是搅拌机模型,它们的构造和用途虽不相同,但从运动学的角度来看,都属于同一机构(即曲柄摇杆机构),这样就可以将实际的复杂工程问题简化、抽象为机构运动,便于在同一机构简图上研究他们的运动学问题。

图4.9 机构运动简图

2. 刚体运动特征

如图4.10所示,4、5、6号模型演示的是刚体平动与定轴转动的特点。4号模型中间的大齿轮拨动水平杆运动,大齿轮和两边的曲柄做定轴转动,水平直杆做平动,可以看出直杆平动时,其上任意直线始终保持与原始位置平行;5号模型的齿轮做定轴转动,曲杆做平动,可以看出曲柄上各点的轨迹形状都相同;6号模型的两条杆传递两个垂直相交轴的转动,可以看出这两条杆在三维空间做平动。

在图 4.10 中,7、8、9 号模型演示的是刚体平面运动的特点。7 号上面曲柄滑块机构中的连杆做平面运动,运动特点是其上任意一点到某个固定平面的距离始终保持不变,因此各点的轨迹形状虽不相同,但都是平面曲线,这里同时刻画了连杆延展部分,像某些点的轨迹始终保持不变;8 号四杆机构中的连杆也是做平面运动,工程上常常利用连杆上某些点的轨迹特点,将四杆机构做成不同用途的机器,比如利用左侧第 2 条曲线下面一段水平直线动作,用于自动线上的进料,利用左侧最下的曲线下半部分的运动用来搅拌;9 号中的星轮也是做平面运动,红、黄、蓝 3 条曲线分别表示行星轮轮圆上一点和半径线中点以及轮心的运动轨迹,这里固定的大内齿轮直径是行星轮直径的 3 倍,如果是其他整数倍或不成整数倍,除行星轮轮心的轨迹之外,其他点的轨迹均有不同复杂程度的改变。

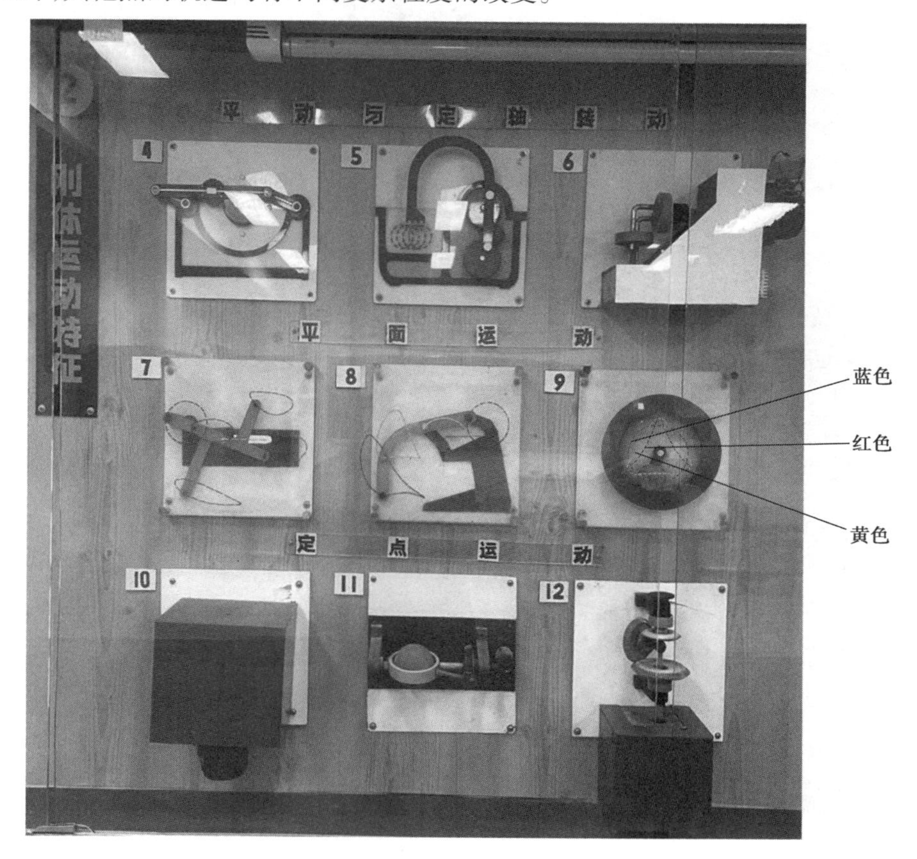

图 4.10 刚体运动特性

图 4.10 中 10、11、12 号模型演示的是刚体定点运动的特点,刚体做定点运动时,它上面或它的沿拖部分仅有一点固定不动。11 号演示球磨机球罐的定点运动,球罐内装有钢球和矿石,当球罐绕球中心做定点运动时,通过钢球之间的相互碰撞,将矿石砸成粉末;12 号演示双联锥齿行星轮的定点运动,双联锥齿行星轮绕着锥齿轮,沿拖部分的锥顶做定点运动。

3. 点的运动方程

图 4.11 展示了点的运动方程特点。

13 号模型演示正弦机构中导杆上点的运动方程图线。

14 号模型演示曲柄滑块机构中滑块上点的运动方程图线。

15 号模型演示凸轮机构从动杆上点的运动方程图线。

16 号模型演示牛头刨机构,划枕上刀尖的运动方程图线。

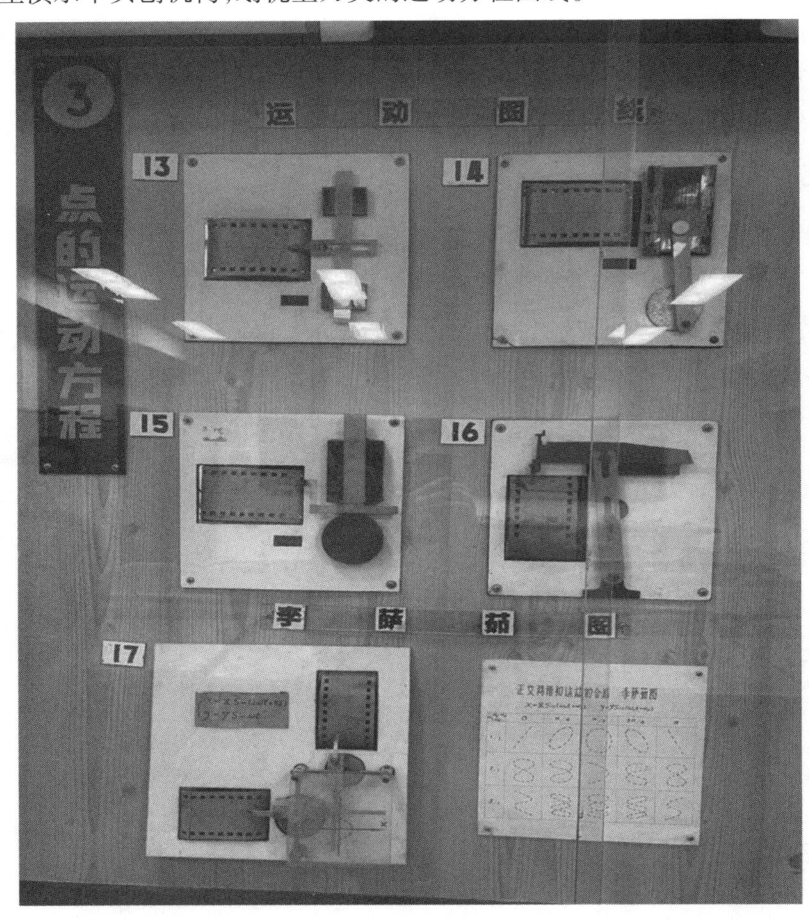

图 4.11　点的运动方程

17 号模型演示正交的两个简谐运动方程图线,以及它们的合成结果。纵向坐标刻画出动点在水平方向上的运动方程图线,即 $x=X\sin\left(2\omega t+\dfrac{\pi}{2}\right)$ 图线,横向坐标刻画出动点在铅锤方向上的运动方程图线,即 $y=Y\sin\omega t$ 图线,将这两个运动方程联合消去时间参数 t,便可得到轨迹方程,这里用一套机械装置来演示,最后得出抛物线轨迹,这就是两个简谐运动合成的结果。凡是正交的两个简谐运动合成的轨迹图线,称为李萨如图,图 4.12 中的 17 号模型右侧画出了各种不同情况下的李萨如图形。

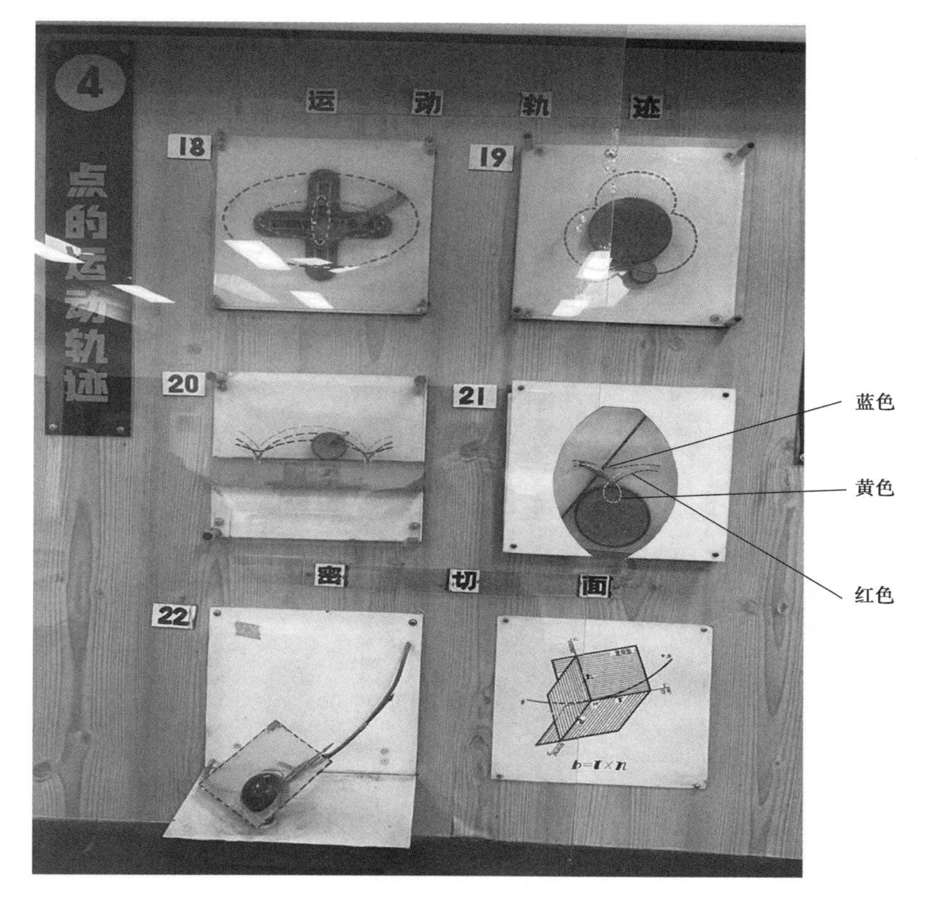

图 4.12　点的运动轨迹

4. 点的运动轨迹

图 4.12 展示了点的运动轨迹特点。

18 号模型演示椭圆规矩尺上点的运动轨迹。矩尺上装有两个滑块,分别在水平和铅垂的直槽内做往复运动。这时除了两滑块的中点做圆周运动外,其他点都做椭圆轨迹运动。

19 号模型演示外行星轮圆上点的运动轨迹。

20 号模型演示平面滚轮上点的运动轨迹,中部的曲线为摆线,是轮缘上一点走出的轨迹,最上的曲线为长幅摆线,最下面的曲线为短幅摆线。它们分别是轮缘外一点和轮缘内一点走出的轨迹曲线。

21 号模型演示轮缘上滚动杆上点的运动轨迹,红色曲线为渐开线,黄色的为延长渐开线,蓝色的为缩短渐开线。

22 号模型演示轨迹曲线上某点的密切面。要确定曲线上某点的密切面时,可在该点和相邻点各做切线 τ 和 τ_1,又在该点做 τ_1 平行于 τ,这时 τ 和 τ_1 可决定一个平面 s。当相邻点不断趋近于该点时,也就是 τ_1 不断趋近于 τ 时,s 平面的方位不断在变化,其极限位置就是曲线在该点的切面。

5. **点的合成运动**

图 4.13 展示了点的合成运动特点。23 号模型演示合成运动的 3 种基本概念。大板块上刻有动坐标系，其对定坐标系做平面运动，小板块 2 上的红色动点又在大板块 1 上运动，动点对动坐标系运动的相对轨迹是各个不同瞬时动点在动系上的重合点或者叫牵连点。红色动点对定坐标系运动的轨迹为绝对轨迹，用黑色曲线表示。可以看出相对轨迹和绝对轨迹是不相同的，原因在于动系对定系有运动，动系对定系的运动称为牵连运动。23 号模型右侧的附图是 3 种运动、3 种速度、3 种加速度的概念图，包括动点对动坐标系运动的速度、加速度为相对速度、相对加速度，动点对定系运动的速度、加速度为绝对速度、绝对加速度，而某瞬时动点在动系上的重合点对定系运动的速度、加速度则是动点的牵连速度和牵连加速度。

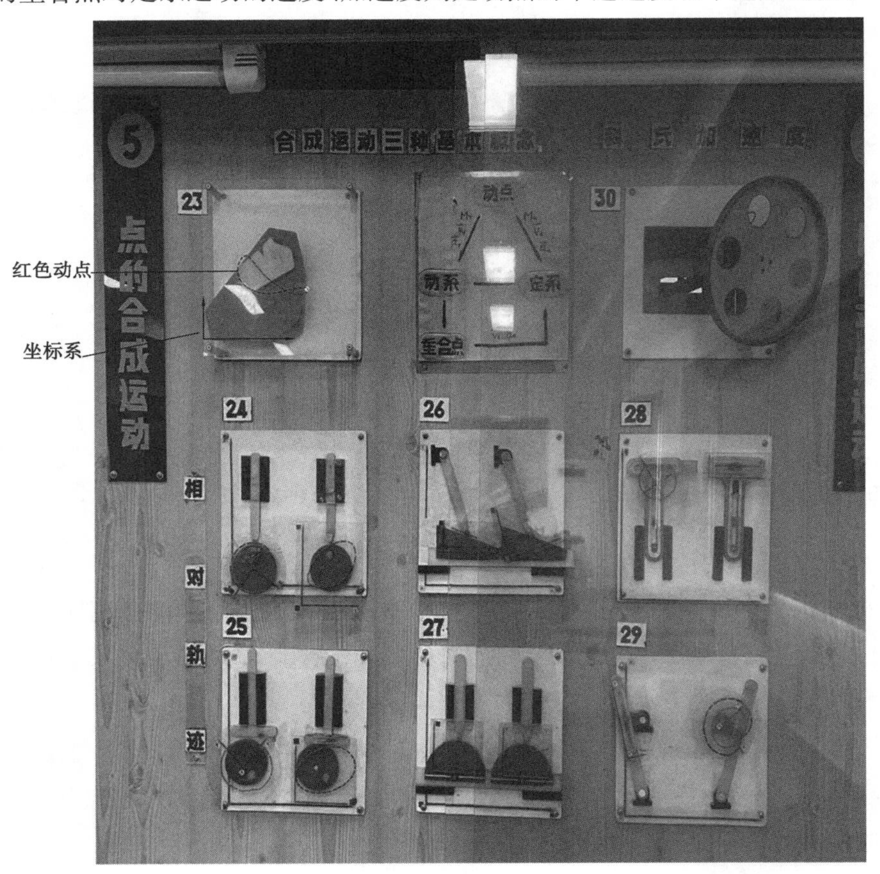

图 4.13　点的合成运动

24 号至 29 号模型是在 6 种典型机构上演示动点的相对轨迹，每件模型上都有两套相同的机构，分别演示主从动件上两接触点的相对轨迹，通过比较可以看出哪条相对运动轨迹容易确定，从而在解决点的合成运动问题时，能恰当选择动点和动坐标系。

24 号是在尖底从动杆盘行凸轮机构上演示点的相对轨迹。左边机构的动点设在杆尖上，动系设在凸轮上，这时动点的相对轨迹就是凸轮轮廓线，右边机构的动点设在凸轮轮圆上，动系设在从动杆上，这时动点的相对轨迹是一般的平面曲线，事先无法确定，因此按左边模型设置的动点和动系才便于解决点的合成运动问题。

25 号是在平底从动杆弹性凸轮机构上演示点的相对轨迹。左边的动点设在从动杆瓶底上，动系设在凸轮上；右边的动点设在凸轮轮圆上，动系设在从动杆上。可以看出。这两条相对轨迹都不能事先确定，但从右边机构上看出，凸轮轮心的相对轨迹是一条平行于长动杆底部的直线，完全能确定。因此解题时可将动点设在凸轮轮心上，动系设在从动杆上。

26 号是在尖底从动杆 7 型凸块机构上演示点的相对轨迹。可以看出按左边情况将动点设在杆尖上，动系设在梯形块上比较恰当，这时动点的相对轨迹就是沿梯形块斜面的直线。

27 号是在尖底层动杆、半圆凸块机构上显示点的相对轨迹。可以看出左边将动点设在杆尖上，洞系设在半圆凸块上比较恰当，这时动点的相对轨迹就是半圆凸块的轮廓线。

28 号是在 T 形杆绕曲柄块运动机构上演示点的相对轨迹，左边的动点设在 T 形杆上，动系设在曲柄上，这时动点的相对轨迹比较复杂；而右边动点设在曲柄鞘上，动系设在 T 形杆上，这时动点的相对轨迹则是沿直槽的一条水平线，因此可按右边情况来设置动点和动系。

29 号是在摆动导杆机构上演示点的相对轨迹。右边由于动点设在底板上，动系设在曲柄上，相对轨迹比较复杂，并且不同的动点相对轨迹的形状都不相同；而左边动点是在曲柄鞘上的一点，这时动点的相对轨迹是沿着槽的直线，应该这样选择动点、动系来解决点的合成运动问题。

30 号模型演示是科氏加速度的存在，模型中的轮盘除了能自转，还可以绕水平轴自由偏转，轮盘的质量主要集中在轮圆上，当它自转时，轮圆上各点的速度、加速度、矢量都在轮盘平面内，没有任何力使轮盘偏转。如果再让轮盘绕轴转动，根据科氏加速度的确定可知，轮盘上下两部分的点都有垂直于轮盘的科氏加速度，并且方向相反，这时轮盘将发生上下偏转，轮盘绕铅垂轴方向转动。如果反向，科氏加速度的方向也跟着反向，因此轮盘的偏转方向也在改变。以上演示证实了科氏加速度确实存在。

6. 运动分解与合成

图 4.14 展示运动分解和合成特点。31 号模型演示刚体平面运动的分解与合成。安装在底板上的彩色板块做平面运动，现在取它从最上面位置到最下面位置这段运动过程来演示运动的分解与合成。在最下面，彩色板块与彩色板块下方的虚线板块重合，并在板块上取 o' 为基点，当板块由上而下运动时，虚线板块随基点做平动，而彩色板块却在虚线板块上绕基点转动，前者体现平面运动的平动成分，后者体现平面运动的转动成分。因此彩色板块的平面运动可以分解为随基点平动和绕基点转动两部分。反过来平面运动可看成是平动和转动的合成运动。

32 号模型演示刚体平面运动方程。为了得出平面运动方程，这里将 31 号模型中的虚线板块看成随基点 o' 运动的平动坐标系，o_1' 平面运动方程便可写成基点 o_1' 的运动方程。

33 号模型演示，当平面运动看成是平动和转动的合成时，它的运动规律与基点选择有关，转动规律与基点选择无关。这里选择两个不同的基点 a 和 b。从这两个基点的运动轨迹可以看出随基点 a 的平动规律，不同于基点 b 的平动规律，所以平动规律与基点的选择有关，而转动规律则用刚体上 ab 直线与这两个动坐标系横坐标轴的夹角来体现。由于任何时刻这两个夹角都是相等的，因此转动规律与基点选择无关。

34 号模型演示四杆机构中连杆的瞬时平动。连杆平面运动时，一般既有转动成分，又有平动成分，这里转动的指针只反应转动成分，当连杆在某个瞬时做平动时，指针将停止转动。从演示中看出，凡是当曲柄和摇杆平行时，指针将停止转动，这表明这时连杆瞬时平动。

35 号模型演示曲柄滑块机构中连杆的瞬时平动。连杆做平面运动，指针反应连杆的转动成分。当曲柄处于铅垂位置时，也就是曲柄鞘在最高点和最低点时，指针停止转动，表明曲柄每转中的这两个瞬时连杆瞬时平动。

36 号模型演示，刻有许多黑点的圆盘，跟随周转轮系的行星轮做平面运动，有些点由于速度偏低，能看得清楚圆盘在不同瞬时的瞬心。

上述模型演示如图 4.14 所示。

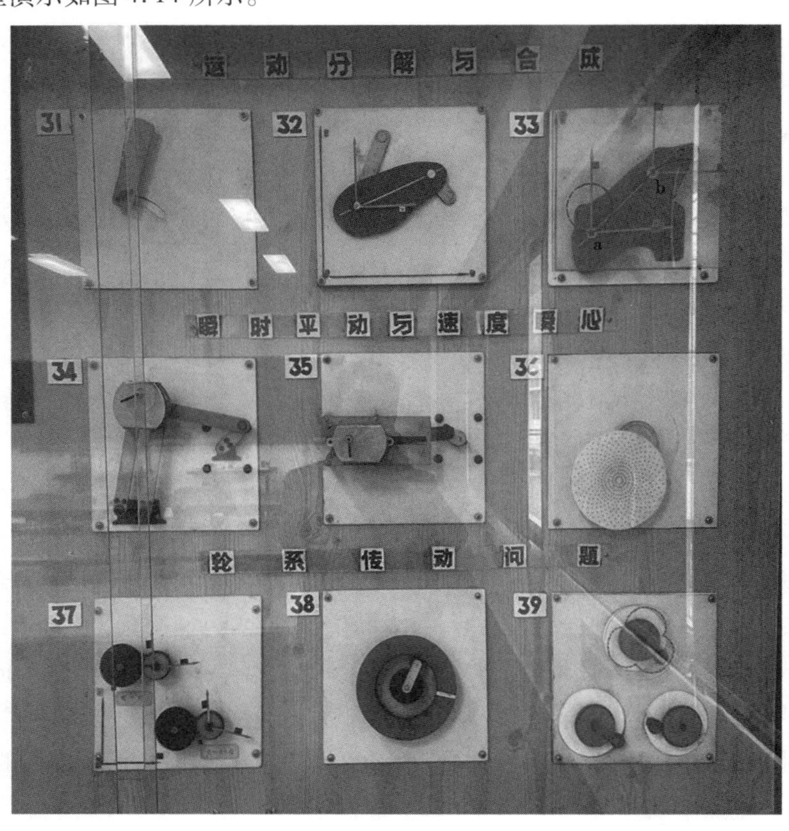

图 4.14　运动分解与合成

37 号模型演示行星轮相对于转动坐标系和相对于平动坐标系的相对转角两者不相同。左上方行星轮的平面运动被分解为平动和转动，牵连的平动部分用以圆点在圆心的平动坐标系表示，当从水平位置逆时针转过一个角度时，这两个行星轮相对平动坐标系的相对转角是不同的，下面一个行星轮相对转角等于绝对转角，而另一个行星轮的相对转角不等于绝对转角，还要加上转动坐标系的牵连转角才等于绝对转角。

38 号模型演示行星轮系和传动轮系，它们统称为周转轮系。中心轮固定不动，通过细杆带动行星轮运动，这种轮系称为行星轮系。用一个外环来体现行星轮输出的运动，如果让曲杆和中心轮同时运动，相当于输入两个运动，最后得出行星轮输出的运动。因此行星轮系是单输入单输出的轮系，传动轮系则是双输入单输出的轮系。

39 号模型演示确定轮相对角速度的机构转化法，左下方是行星轮系，右下方是定轴轮系，中间的既可演示行星轮系传动，又可演示定轴轮系传动。在行星轮系中，为了确定行星轮对细杆的相对角速度，可设想在细杆、行星轮和中心轮上都同时叠加一个细杆的复角速度，而固定的中心轮则以细杆的复角速度带动行星轮左定轴转动，这样行星轮系便转化为定轴轮系，在转化机构中算出行星轮的绝对角速度。从中间上方的机构演示中可以看出，机构转化过程中，各构件之间的关系不变。通过演示也表明反过来的情况，也就是若要确定定轴轮系中一个轮对另一个轮的相对角速度，可在定轴轮系中叠加一个另一轮的复角速度，这时另一轮便处于静止状态，整个定轴轮系便转化为行星轮系转化机构，算出行星轮的绝对角速度，就是一个轮对另一个轮的相对角速度。由此得出结论，若要计算行星轮系中的角速度，可在轮系中叠加细杆的复角速度转化为定轴轮系来确定。如果要计算定轴轮系中一个轮对另一个轮的相对角速度，可在轮系中叠加一个另一轮的复角速度，转化为行星轮系来确定。

三、刚性转子动平衡的实验

1. 实验目的

①了解刚性转子动平衡的工程应用；
②掌握刚性转子动平衡的基本概念、原理和试验方法。

2. 实验设备及仪器

①刚性转子动平衡实验台；
②螺丝砝码；
③螺丝刀、扳手；
④天平。

3. 主要设备简介

转子动平衡分为刚性转子动平衡和挠性转子动平衡。刚性转子动平衡定义为：动平衡机上的支承条件与近似于现场机器支承条件，转子只需在平衡转速(一般取工作转速的20%左右)上，选择转子任意两个垂直于轴线的校正面进行平衡校正，将力和力偶的剩余不平衡量降低至平衡品质允许值以下，这种转子可视为刚性转子。在工程上通常用临界转速作为刚性转子与挠性转子分界，即工作转速低于第一临界转速的转子，称为刚性转子；工作转速高于第一临界转速的转子，称为挠性转子，又称为柔性转子。因此，刚性转子动平衡一般称作低速动平衡，这并不是由平衡转速高低来划分的，而是由刚性转子定义所决定的。

刚性转子平衡理论是假设转子在动态下不发生挠曲变形，转子本体内复杂的不平衡分布所产生的复杂的不平衡力系，以矢量叠加平移的原理分别叠加和平移到转子的两个端面上。所以，刚性转子的平衡只要通过调整转子2个端面上加重大小和方位，即可使整个转子从启动到工作转速范围内达到平衡要求。

挠性转子往往工作在一阶甚至二、三阶弯曲临界转速之上。因此，平衡时不仅要消除转子刚体不平衡，而且要消除工作转速范围之内的振型不平衡。

本实验采用的刚性转子动平衡如图4.15所示，其由转子台、调速器、计算机、电涡流传感器组成。转子台本身是动不平衡的，在其上的2个校正面安装螺丝砝码，让其达到动平衡状态，就是动平衡的校正过程。

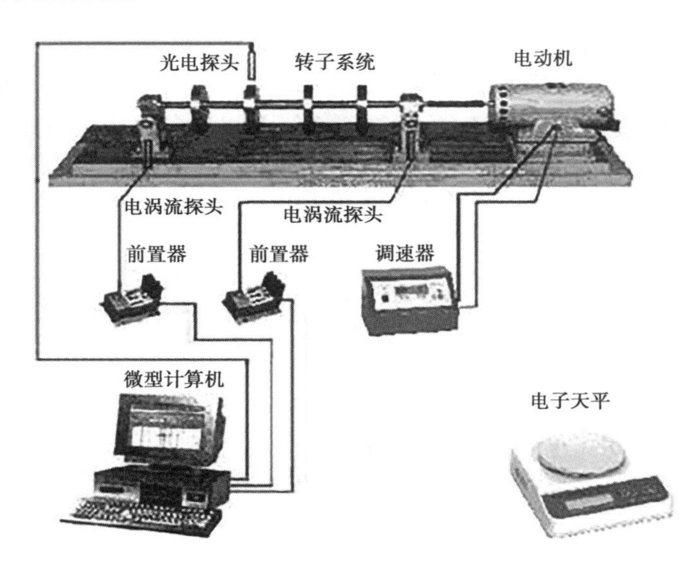

图4.15　测试系统示意图

测试虚拟设备连线图如图4.16所示。转子轴上固定有4个圆盘，两端用含油轴承支承。电动机通过橡胶软管拖动转轴，用调速器调节转速。最高工作转速为4 000 r/min，远低于转子-轴承系统的固有频率。其上有光电变换器、电涡流位移计及计算机虚拟动平衡仪。与计算机虚拟动平衡仪相连接的光电探头，给出入射光和反射光。在转子的测速圆盘上贴一定宽度的黑纸。调整探头方位使入射光束准确指向圆盘中心。当圆盘转动时，由于反射光的强弱变化，光电变换器产生对应黑带的电脉冲，馈入计算机虚拟动平衡仪作为转速测量和相位测量的基准信号。

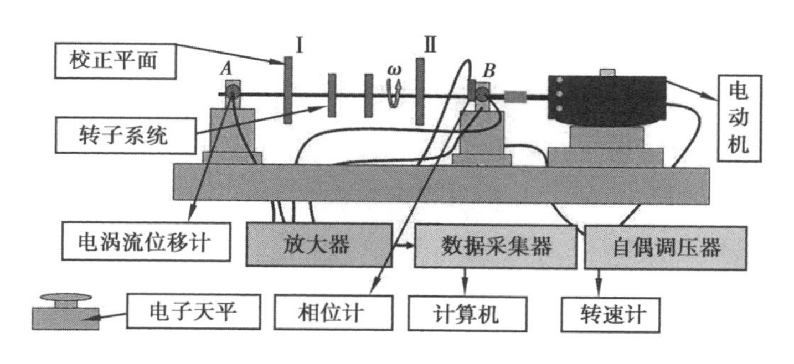

*A*轴承座；*B*轴承座；Ⅰ和Ⅱ为校正平面

图 4.16　测试虚拟设备连线图

电涡流位移计包括探头和前置器。探头前端有一扁形线圈,由前置器提供高频(2 MHz)电流。当它靠近金属导体测量对象时,后者表面产生感应电涡流。间隙变化,电涡流的强弱随之变化,线圈的供电电流也发生变化,从而在串联于线圈的电容上产生被调制的电压信号,此信号经过前置器的解调、检波、放大后,成为在一定范围内与间隙大小成比例的电压信号。本实验使用 2 个电涡流位移计,分别检测 2 个轴承座的水平振动位移。两路位移信号通过切换开关依次馈入计算机虚拟动平衡仪,以光电变换器给出的电脉冲为参考,进行同频检测(滤除谐波干扰)和相位比较后,在计算机虚拟动平衡仪面板上显示出振动位移的幅值、相位及转速数据,如图 4.17 所示。

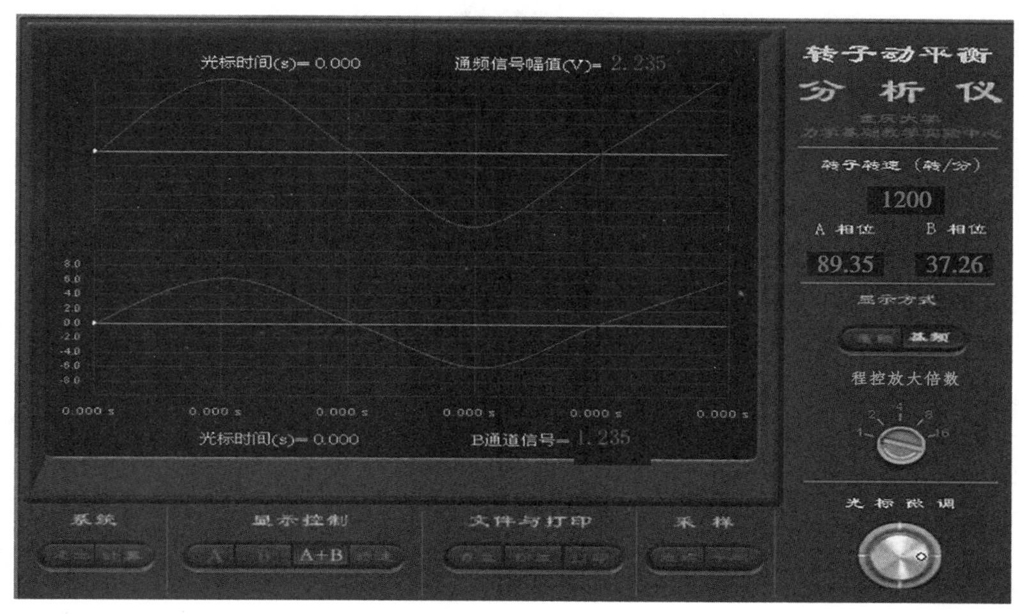

图 4.17　计算机虚拟动平衡仪显示界面

同频检测前后的振动位移波形,通过计算机虚拟电子示波器随时观察。

两平面影响系数法的核心是通过求解矢量方程计算平衡校正量,求解方程涉及复数的矩阵运算。本实验采用专用动平衡计算软件。实验者也可用 MATLAB 等语言自行编制解算程序。

4. **实验原理**

工作转速低于最低阶临界转速的转子称为刚性转子,反之称为柔性转子。本实验采取一种刚性转子动平衡常用的方法——两平面影响系数法,该方法可以不使用专用平衡机,只要求一般的振动测量,适合在转子工作现场进行平衡作业。

根据理论力学的动静法原理,一匀速旋转的长转子,其连续分布的离心惯性力系,可将质心 C 简化为过质心的一个力 R(大小和方向同力系的主向量 $R=\sum S_i$)和一个力偶 M(等于力系对质心 C 的主矩 $M=\sum m_c(S_i)=M_c$),如图 4.18 所示。如果转子的质心在转轴上且转轴恰好是转子的惯性主轴,即转轴是转子的中心惯性主轴,则力 R 和力偶矩 M 的值均为 0,这种情况称转子是平衡的;反之,不满足上述条件的转子是不平衡的。不平衡转子的轴与轴承之间产生交变的作用力和反作用力,可引起轴承座和转轴本身的强烈振动,从而影响机器的工作性能和工作寿命。

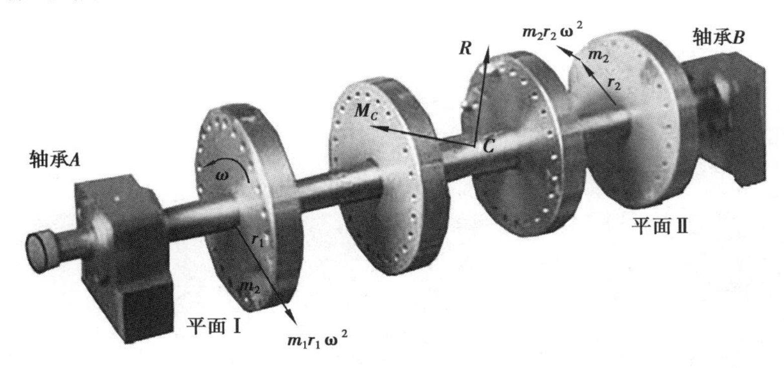

图 4.18　转子系统与力系简化

刚性转子动平衡的目标是使离心惯性力系的主向量和主矩的值同时趋近于零。为此,先在转子上任意选定两个截面Ⅰ、Ⅱ(称校正平面),在离轴线一定距离 r_1、r_2(称校正半径),与转子上某一参考标记成夹角 θ_1、θ_2 处,分别附加一块质量为 m_1、m_2 的重块(称校正质量)。如能使两质量 m_1 和 m_2 的离心惯性力(其大小分别为 $m_1r_1\omega^2$ 和 $m_2r_2\omega^2$,ω 为转动角速度)正好与原不平衡转子的离心惯性力相平衡,那么就实现了刚性转子的动平衡。

两平面影响系数法的过程如下:

①在额定的工作转速或任选的平衡转速下,检测原始不平衡引起的轴承或轴颈 A、B 在某方位的振动量 $V_{A0}=V_{A0}\angle\psi_A$ 和 $V_{B0}=V_{B0}\angle\psi_B$,其中 V_{A0} 和 V_{B0} 是振动位移(也可以是速度或加速度)的幅值,ψ_A 和 ψ_B 是振动信号对于转子上参考标记有关的参考脉冲的相位角。

②根据转子的结构,选定两个校正面Ⅰ、Ⅱ并确定校正半径 r_1、r_2。先在平面Ⅰ上加一"试重"(试质量)$Q_1=m_{t1}\angle\beta_1$,其中 m_{t1} 是 Q_1 的试重质量,β_1 为试重相对参考标记的方位角,以顺转向为正。在相同转速下测量轴承 A、B 的振动量 V_{A1} 和 V_{B1}。矢量关系图如图 4.19(a)、(b)所示。显然,矢量 $V_{A1}-V_{A0}$ 及 $V_{B1}-V_{B0}$ 为平面Ⅰ上加试重 Q_1 所引起的轴承振动的变化,称为试

重 Q_1 的效果矢量。方位角为零度的单位试重的效果矢量称为影响系数。因而,可由下式求得影响系数:

$$\alpha_{A1}=\frac{V_{A1}-V_{A0}}{Q_1} \tag{4.4}$$

$$\alpha_{B1}=\frac{V_{B1}-V_{B0}}{Q_1} \tag{4.5}$$

③取走 Q_1,在平面Ⅱ上加试重 $Q_2=m_{t2}\angle\beta_2$,m_{t2} 为 Q_2 的试重质量,β_2 为试重方位角。同样测得轴承 A、B 的振动量 V_{A2} 和 V_{B2},从而求得效果矢量 $V_{A2}-V_{A0}$ 和 $V_{B2}-V_{B0}$[图 4.19(c)、(d)]及影响系数:

$$\alpha_{A2}=\frac{V_{A2}-V_{A0}}{Q_2} \tag{4.6}$$

$$\alpha_{B2}=\frac{V_{B2}-V_{B0}}{Q_2} \tag{4.7}$$

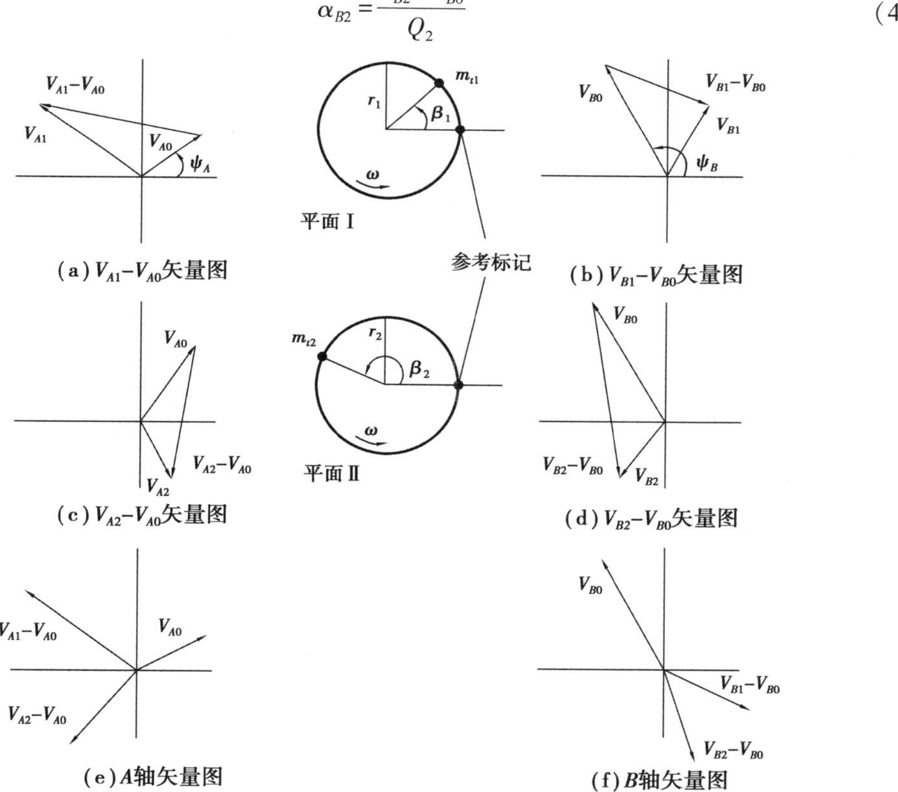

图 4.19　矢量关系图

④校正平面Ⅰ、Ⅱ上所需的校正质量 $p_1=m_1\angle\theta_1$ 和 $p_2=m_2\angle\theta_2$,可通过解下列矢量方程组求得:

$$\begin{cases}\alpha_{A1}p_1+\alpha_{A2}p_2=-V_{A0}\\ \alpha_{B1}p_1+\alpha_{B2}p_2=-V_{B0}\end{cases} \tag{4.8}$$

$$\begin{bmatrix} \alpha_{A1} & \alpha_{A2} \\ \alpha_{B1} & \alpha_{B2} \end{bmatrix} \begin{Bmatrix} p_1 \\ p_2 \end{Bmatrix} = -\begin{Bmatrix} V_{A0} \\ V_{B0} \end{Bmatrix} \tag{4.9}$$

其中，$m_1 = p_1$，$m_2 = p_2$ 为校正质量，θ_1，θ_2 为校正质量的方位角。

求解矢量方程最好能使用计算机。本试验采用专用的动平衡计算程序。

⑤根据计算结果，在转子上安装校正质量，重新启动转子，如振动已减小到满意程度，则平衡结束，否则可重复上面步骤，再进行一次修正平衡。

5. 实验步骤

①连接虚拟测试仪器，如连线错误，用鼠标左键单击“重新连接”按钮。确认无误后，用鼠标左键单击“连接完毕”按钮，如果出现“连接错误”的提示，则连接有误，需要按“确定”，再按“重新连接”。如果出现“连接正确”的提示，按“确定”后，可获得虚拟动平衡仪应用程序界面。

②将转速控制器转速 n_b 设定为 1 500 r/min，起动转子 3～5 min 使转速保持稳定。

③用鼠标左键按下左上角按钮“开始”启动虚拟动平衡仪，单击“A 通道”“B 通道”进行通道切换。待读数基本稳定后，记录转子原始不平衡引起左(A)、(B)轴承座振动位移基频成分的幅值和相位角 $V_{A0}\angle\psi_A$、$V_{B0}\angle\psi_B$。鼠标左击“暂停”按钮，自动调出已装在机内的动平衡计算程序，此时要输入测出的初始不平衡量。

④转速回零。在 I 平面(1 号圆盘)上任选方位加一试重 m_{t1}，记录 m_{t1} 的值(用天平测量，可取其在 6～10 g 间)及固定的相位角 β_1(从黑带参考标记前缘算起，顺转向为正)。注意：在加试重时，不要触碰轴承座上的探头，启动转子之前先用手慢慢转动圆盘，确认转子与探头没有碰触现象，间隙在 1 mm 左右，否则报告教师重新调整探头位置。

⑤启动转子，重新调到平衡转速 n_b，测出 I 平面加重后，两个轴承座振动位移的幅值和相位角(V_{A1} 和 V_{B1})。同样将值输入到动平衡计算程序中。

⑥转速回零。拆除 m_{t1}，在Ⅱ平面(4 号圆盘)上任选方位加一试重 m_{t2}。测量记录 m_{t2} 的值及其固定方位角 β_2。

⑦转速重新调到 n_b。测出Ⅱ平面加试重后，两个轴承座振动位移的幅值和相位角(V_{A2} 和 V_{B2})。

⑧转速回零。取走 m_{t2}，调出已装在机内的动平衡计算程序，根据程序运行过程的提示，输入上述测量记录的数据。在 CRT 显示计算结果后，抄录有关数据及运算结果。

⑨根据求出的校正质量(平衡质量)m_1、m_2 及校正质量的相位角 θ_1、θ_2，在校正平面 I、Ⅱ重新加重。然后将转速重新调到 n_b，再测量记录两个轴承座振动的幅值和相位角。

⑩转速回零。计算平衡率(即平衡前后振动幅值的差与未平衡振幅的百分比)，如高于 70%，实验可结束。否则应寻找平衡效果不良的原因重做。

⑪停机、关仪器电源、拉电闸。拆除平衡质量，使转子系统复原。

6. 实验数据记录

表 4.3　数据记录表

平衡转速 n_b = r/min	A 轴承Ⅰ平面		B 轴承Ⅱ平面	
	幅值	相位	幅值	相位
原始振动 V_{A0}, V_{B0}	μm	deg	μm	deg
Ⅰ平面试重 Q_1	g	deg	—	—
V_{A1}, V_{B1}	μm	deg	μm	deg
Ⅱ平面试重 Q_2	—	—	g	deg
V_{A2}, V_{B2}	μm	deg	μm	deg
计算校正量 p_1, p_2	g	deg	g	deg
实际加重质量 m_1, m_2	g	deg	g	deg
平衡后振动 V_A, V_B	μm	deg	μm	deg
* 平衡率 η_A, η_B	%	—	%	—

7. 实验数据处理

计算 A 轴承座的平衡率：

$$\eta_A = \left|\frac{h_{A0}-h_{A1}}{h_{A0}}\right| \times 100\% \tag{4.10}$$

计算 B 轴承座的平衡率：

$$\eta_B = \left|\frac{h_{B0}-h_{B1}}{h_{B0}}\right| \times 100\% \tag{4.11}$$

式中　h_{B0}, h_{B1}——B 点初始的振动幅值；

h_{B1}——B 点校正后的振动幅值；

h_{A0}, h_{A1}——A 点初始的振动幅值；

h_{A1}——A 点校正后的振动幅值。

8. 实验报告书写要求

①简述实验目的、原理、装置和简要步骤；

②实验原始数据整理；

③画出实测数据的矢量关系图；

④对实验方法和实验结果进行分析和讨论。

四、低重力环境四足机器人运动特性虚拟仿真实验

1. 实验简介

在面向新工科的未来工程教育培养理念下，本实验教学项目强调面向复杂工程问题的实践能力培养，鼓励在教学过程中融入一些专业课程中的案例，实现贯穿全过程的实践能力培养体系，以提升工科本科生的工程能力和工程素质。

地外天体探测四足机器人行走稳定性虚拟仿真实验是将力学课程设计成一个实验，激发学生的好奇心；学生在研究机器人行走稳定性时，同时接触到所涉及的众多力学知识。考虑在地面无法长时间模拟真实的低重力环境，为了让学生了解低重力环境下机器人的运动状态、运动效果，特设计本实验课程，以便让学生对所学的知识有更加深入的理解。

2. 实验目的

针对非结构化路面或崎岖的自然地形，四足机器人有着轮式与履带式机器人无可比拟的优势。需要对四足机器人在不同路况下进行实验，以便分析其性能是否满足要求。

本实验教学项目在理论力学课程的基础上，将理论力学理论与机器人学相结合，两者相辅相成，使学生充分了解静力学、刚体运动学和动力学等重要经典力学知识在机器人中的应用，研究四足机器人在不同重力环境的稳定性及动力学特性，通过考虑四足机器人在爬坡倾角、仪器放置、不同轨迹、支腿参数等不同的因素下的特点，对四足机器人的功能与移动能力进行虚拟仿真，进而让学生深刻认识各个知识点的特点，加深对理论力学的认识，拓展学生的知识面，锻炼学生应用理论知识分析实际问题的能力，培养工程意识和能力。

3. 实验内容及流程

本实验以虚拟的四足机器人为实验对象，在虚拟的低重力实验场景下，通过引导性学习，让学生学习坐标变换方法、零力矩点原理，巩固刚体速度、加速度的求解方法、质心计算方法、动能定理、虚功原理、拉格朗日方程等理论力学的关键知识点。以低重力场景下四足机器人爬坡运动及爬坡过程的稳定性判断为实验主线，其中四足机器人采用 1+3 步态，步态规划包括支撑腿规划与摆动腿规划。

摆动相规划是为了支腿移动到目标落地点和跨越障碍，基于摆动相足端运动轨迹，通过支腿运动学，求出摆动腿关节空间变化；支撑相规划是为了实现机体位姿调整和整机移动，基于机身的运动轨迹，通过机身运动学，求出支撑腿关节空间变化。在分析机器人稳定性时采用零点力矩法，研究机器人支撑相支腿能否保证机器人稳定。四足机器人的步态规划和稳定性分析涉及众多学科知识，如理论力学、线性代数等，通过本实验教学，学生能多方位提升自

己对这些学科知识的理解力与运用能力。虚拟仿真实验流程图如图 4.20 所示。

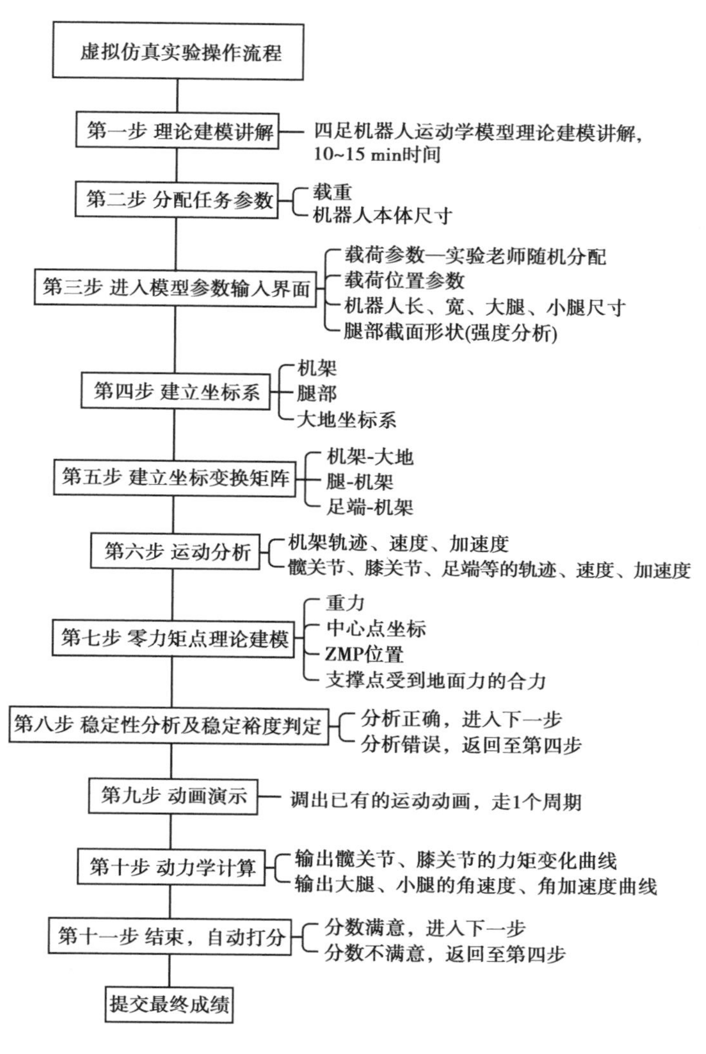

图 4.20　虚拟仿真实验流程图

4. 实验评分

实验成绩由两部分构成，其中关于公式的选择或填空部分占比 60%，每题设置 5 分；另外 40% 由最终稳定裕度给出。

注意事项：

①该成绩给出的前提是机器人在行走过程中不发生倾倒，若发生倾倒，就提示学生从仪器选择及布置开始，重新进行。

②考虑到整体过程的延续性，在学生做选择或填空题时，会存在做错的情况。针对做错的情况，软件只需要扣除对应的分数，但后台计算时，仍按正确的方式去计算。

5. **实验资料获取及实验网站**

(1)实验更详细资料见力学重庆市级实验教学示范中心(重庆大学)网站:

https://ae-mechanics.cqu.edu.cn/xnfzzt/sy.htm

(2)国家虚拟仿真实验教学课程共享平台网站:

https://www.ilab-x.com

第五章
理论力学振动实验

一、简谐振动幅值测量

1. 实验目的

①了解振动信号位移、速度、加速度之间的关系；
②学会用速度传感器测量简谐振动的位移、速度、加速度幅值。

2. 实验装置框图

实验装置与仪器框图如图5.1所示。

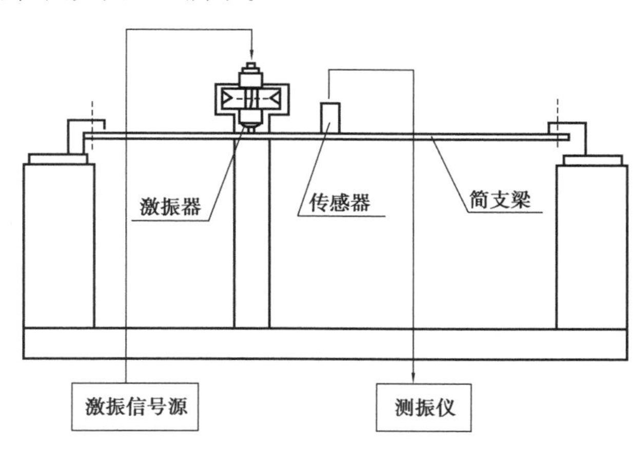

图5.1　实验装置与仪器框图

3. 实验原理

在振动测量中,有时往往不需要测量振动信号的时间历程曲线,而只需要测量振动信号的幅值。振动信号的幅值可根据位移、速度、加速度的关系,用位移传感器或速度传感器、加速度传感器来测量。

设振动位移、速度、加速度分别为 x、v、a,其幅值分别为 X、V、A:

$$x=B\sin(\omega t-\varphi) \tag{5.1}$$

$$v=\frac{\mathrm{d}y}{\mathrm{d}t}=\omega B\cos(\omega t-\varphi) \tag{5.2}$$

$$a=\frac{\mathrm{d}^2y}{\mathrm{d}t^2}=-\omega^2 B\sin(\omega t-\varphi) \tag{5.3}$$

式中　B——位移振幅;

ω——振动角频率;

φ——初相位。

$$X=B \tag{5.4}$$

$$V=\omega B=2\pi fB \tag{5.5}$$

$$A=\omega^2 B=(2\pi f)^2 B \tag{5.6}$$

故振动信号的幅值可根据式(5.6)中位移、速度、加速度的关系,分别用位移传感器、速度传感器或加速度传感器来测量。也可利用虚拟式信号分析仪和测振仪中的微分、积分功能来测量。

4. 实验方法

①激振信号源输出端接电动式激振器,用电动式激振器对简支梁激振。

②用速度传感器拾振,速度传感器的输出端接测振仪。

③开启激振信号源的电源开关,对系统施加交变的正弦激振力,使系统产生简谐振动,调整信号源的输出调节开关便可改变振幅大小。调整信号源的输出调节开关时注意不要过载。

④分别用测振仪的位移 X、速度 V、加速度 A 各挡进行测量和读数。

5. 实验结果与分析

实验数据记录于表5.1。

表5.1　实验数据

频率 f/Hz	位移 X/μm	速度 V/(cm·s^{-1})	加速度 A/(cm·s^{-2})

续表

频率 f/Hz	位移 X/μm	速度 V/(cm · s^{-1})	加速度 A/(cm · s^{-2})

①根据位移 X,按公式(5.6)计算速度 V、加速度 A。
②根据速度 V,按公式(5.6)计算位移 X、加速度 A。
③根据加速度 A,按公式(5.6)计算位移 X、速度 V。
④位移、速度、加速度幅值的实测值与计算值有无差别？若有差别,原因是什么？

二、单自由度系统强迫振动的幅频特性、固有频率和阻尼比的测量

1. 实验目的

①学会测量单自由度系统强迫振动的幅频特性曲线；
②学会根据幅频特性曲线确定系统的固有频率 f_0 和阻尼比。

2. 实验装置框图

实验设置框图如图 5.2 所示。

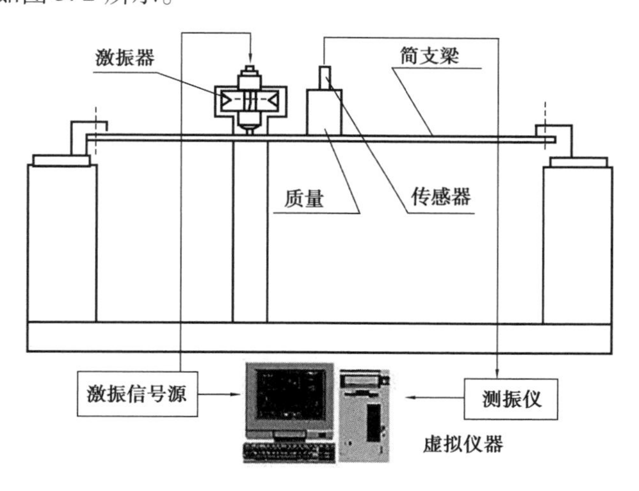

图 5.2　实验装置框图

3. 实验原理

单自由度系统的力学模型如图 5.3 所示。在正弦激振力的作用下系统作简谐强迫振动,设激振力 F 的幅值为 B、频率为 ω(频率 $f=\omega/2\pi$),系统刚度为 K,阻尼系统为 C,系统质量为

M,则系统的运动微分方程为:

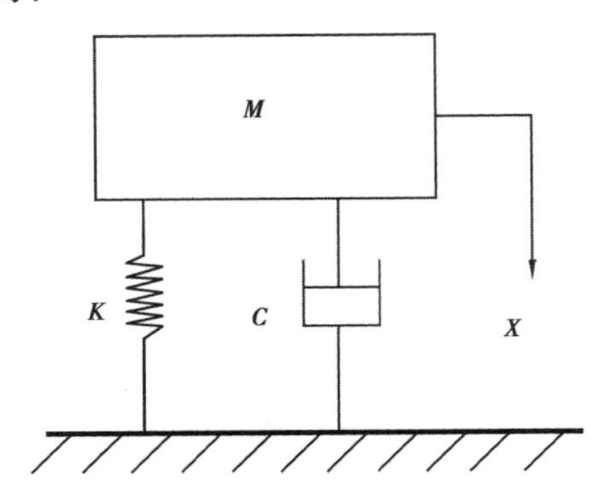

图 5.3　单自由度系统力学模型

$$M\frac{d^2x}{dt^2}+C\frac{dx}{dt}+Kx=F \tag{5.7}$$

$$\frac{d^2x}{dt^2}+2n\frac{dx}{dt}+\omega^2x=F/M \tag{5.8}$$

$$\frac{d^2x}{dt^2}+2\xi\omega\frac{dx}{dt}+\omega^2x=F/M \tag{5.9}$$

式中　ω——系统固有频率,$\omega^2=K/M$;

n——$2n=C/M$;

ξ——阻尼比,$\xi=n/\omega$;

F——激振力,$F=B\sin\omega t=B\sin(2\pi ft)$。

方程(5.9)的特解,即强迫振动为

$$x=A\sin(\omega t-\varphi)=A\sin(2\pi f-\varphi) \tag{5.10}$$

式中　A——强迫振动振幅;

φ——初相位。

$$A=\frac{B/M}{(\omega_0^2-\omega^2)^2+4n^2\omega^2} \tag{5.11}$$

式(5.11)称为系统的幅频特性。将式中所表示的振动幅值与激振频率的关系用图 5.4 表示,称为幅频特性曲线。

在图 5.4 中,A_{max} 为系统共振时的振幅;f_0 为系统固有频率,f_1、f_2 为半功率点频率。振幅为 A_{max} 时的频率叫共振频率 f_a。在有阻尼的情况下,共振频率为

$$f_a=f_0\sqrt{1-2\xi^2} \tag{5.12}$$

当阻尼较小时,$f_a\approx f_0$,故以固有频率 f_0 作为共振频率 f_a。在小阻尼情况下可得

$$\xi=\frac{f_2-f_1}{2f_0} \tag{5.13}$$

f_1、f_2 的确定如图 5.4 所示。

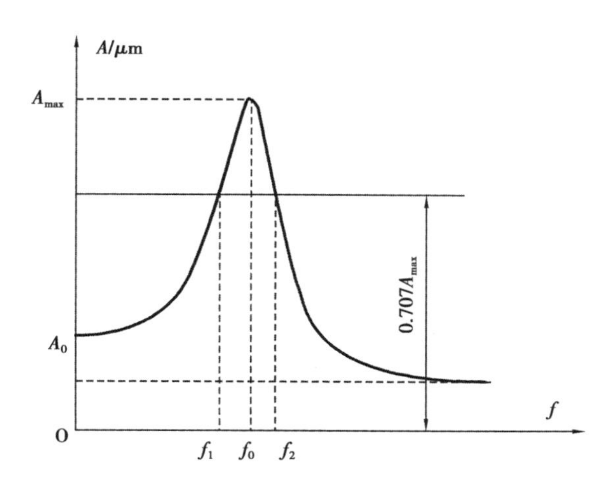

图 5.4　单自由度系统振动的幅频特性曲线

4. 实验方法

①将速度传感器置于简支梁上，其输出端接测振仪，用以测量简支梁的振动幅值。

②将电动式激振器接入激振信号源输出端，开启激振信号源的电源开关，对简支梁系统施加交变正弦激振力，使系统产生正弦振动。

③调整激振信号源输出信号的频率，并从测振仪上读出各频率及其对应的幅值，填入表中。

④利用虚拟式示波器找出 A_{max} 值，然后用虚拟式 FFT 分析仪作该幅值信号的频谱，求出共振频率 f_a，这里 $f_0=f_a$，从而求出系统固有频率。

⑤求出幅值 $0.707A_{max}$，然后在 FFT 分析仪的频谱中找到对称于 f_0 的两个频率 f_1 和 f_2，从而可用式(5.13)求出阻尼比。

5. 实验结果分析

实验数据记录于表 5.2。

表 5.2　实验数据表

频率/Hz												
振幅/μm												

①根据表 5.2 中的实验数据绘制系统强迫振动的幅频特性曲线。

②确定系统固有频率 f_0（幅频特性曲线共振峰的上最高点对应的频率近似等于系统固有频率）。

③确定阻尼比 ξ。按图 5.4 所示计算 $0.707A_{max}$，然后在幅频特性曲线上确定 f_1、f_2，利用式(5.13)计算出阻尼比。

三、单自由度系统自由衰减振动的固有频率和阻尼比的测量

1. 实验目的

①了解单自由度自由衰减振动的有关概念；
②学会用虚拟记忆示波器记录单自由度系统自由衰减振动的波形；
③学会根据自由衰减振动波形确定系统的固有频率 f_o 和阻尼比 ξ。

2. 实验装置框图

实验装置框图如图 5. 5 所示。

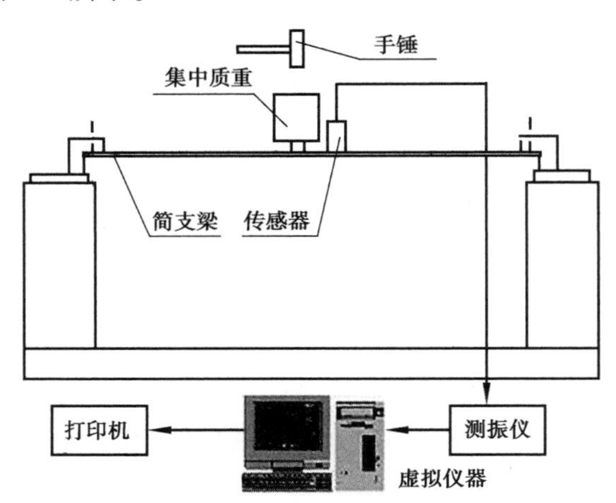

图 5. 5　实验装置框图

3. 实验原理

单自由度系统的力学模型如图 5. 3 所示。给系统(质量 M)一初始扰动,系统作自由衰减振动,其运动微分方程式为

$$M\frac{\mathrm{d}^2x}{\mathrm{d}x^2}+C\frac{\mathrm{d}x}{\mathrm{d}t}+Kx=0 \tag{5.14}$$

或

$$\frac{\mathrm{d}^2x}{\mathrm{d}x^2}+2n\frac{\mathrm{d}x}{\mathrm{d}t}+\omega_0^2x=0 \tag{5.15}$$

$$\frac{\mathrm{d}^2x}{\mathrm{d}x^2}+2\xi\omega_0\frac{\mathrm{d}x}{\mathrm{d}t}+\omega_0^2x=0 \tag{5.16}$$

式中　ω_0——系统固有频率,$\omega_0^2=K/M$；

　　n——$2n=C/M$；

C——阻尼系数；

K——系统刚度；

ξ——阻尼比，$\xi=n/\omega_0$。

小阻尼（$\xi<1$）时，方程（5.16）的解为

$$x=Ae^{-nt}\sin(\omega_1 t+\varphi) \tag{5.17}$$

式中　A——振动振幅；

φ——初相位；

ω_1——衰减振动频率，$\omega_1=\sqrt{\omega_0^2-n^2}=\omega_0\sqrt{1-\xi^2}$。

设初始条件：$t=0$ 时，$x=x_o$，$\frac{dx}{dt}=v_o$，则

$$A=\sqrt{x_o^2+\frac{(v_o+nx_o)^2}{\omega_0^2-n^2}} \tag{5.18}$$

$$\tan\varphi=\frac{x_o\sqrt{\omega_0^2-n^2}}{(v_o+nx_o)^2} \tag{5.19}$$

式（5.17）的图形如图5.6所示。

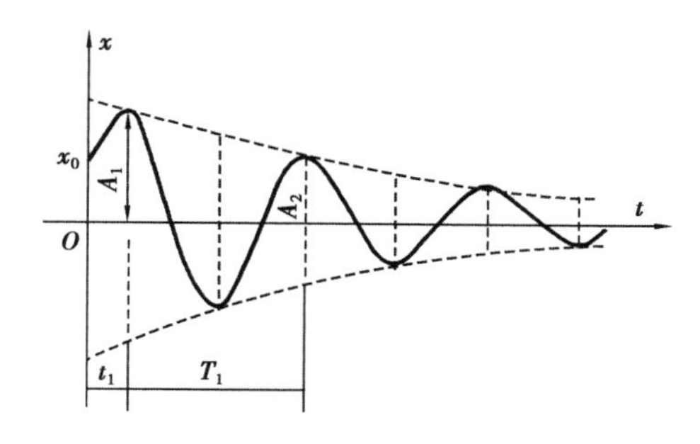

图5.6　单自由度系统衰减振动曲线（小阻尼）

此波形有如下特点：

①振动周期 T_1，大于无阻尼自由振动周期 T，即 $T_1>T$。

$$T_1=\frac{2\pi}{\omega_1}=\frac{2\pi}{\sqrt{\omega^2-n^2}}=\frac{2\pi}{\omega\sqrt{1-\xi^2}}=\frac{T}{\sqrt{1-\xi^2}} \tag{5.20}$$

固有频率

$$f_o=\frac{1}{T}=\frac{1}{T_1\sqrt{1-\xi^2}} \tag{5.21}$$

②振幅按几何级数衰减

减幅系数

$$\eta=\frac{A_1}{A_2}=e^{nT_1} \tag{5.22}$$

对数减幅系数

$$\delta=\ln\eta=\ln\frac{A_1}{A_2}=\ln\frac{A_i}{A_{i+1}}=nT_1 \tag{5.23}$$

对数减幅系数也可以用相隔 i 个周期的两个振幅之比来计算：

$$\delta=\frac{1}{i}\ln e^{inT_1}=\frac{1}{i}\ln\frac{A_1}{A_2}\frac{A_2}{A_3}\cdots\cdots\frac{A_i}{A_{i+1}}=\frac{1}{i}\ln\frac{A_1}{A_{i+1}} \tag{5.24}$$

从而可得：

$$n=\frac{\delta}{T_1}\qquad C=2n\cdot M\qquad \xi=\frac{C}{2\sqrt{mK}} \tag{5.25}$$

4. 实验方法

①用锤敲击简支梁使其产生自由衰减振动。

②记录单自由度自由衰减振动波形。将速度传感器所测振动经测振仪转换为位移信号后，送入虚拟式记忆示波器显示和记录。

③绘出振动波形图波峰与波谷的两根包络线（参照图 5.6），然后设定 i，并读出 i 个波经历的时间 t，量出相距 i 个周期的两振幅的双振幅 $2A_1$、$2A_{i+1}$ 之值，按公式(5.21)计算固有频率 f_o，按公式(5.23—5.25)计算出阻尼比 ξ。

5. 实验结果与分析

①绘出单自由度自由衰减振动波形图。

②根据实验数据按公式计算出固有频率和阻尼比，计算结果填入表 5.3。

表 5.3　实验数据表

i	时间 t	周期 T_1	$2A_1$	$2A_{i+1}$	阻尼比 ξ	固有频率 f_o

四、简支梁各阶固有频率及主振型的测量

1. 实验目的

①用共振法确定简支梁的各阶固有频率和主振型；

②将实验所测得的各阶固有频率、振型与理论值比较。

2. 实验装置框图

正弦激振实验装置及仪器的安装如图 5.7 所示，电动激振器安装在支架上，激振方式是相对激振。各激振点和拾振点的位置如图 5.7 所示，激振点的选取原则是保证不过分靠近二、三阶振型的节点，使各阶振型都能受到激励。

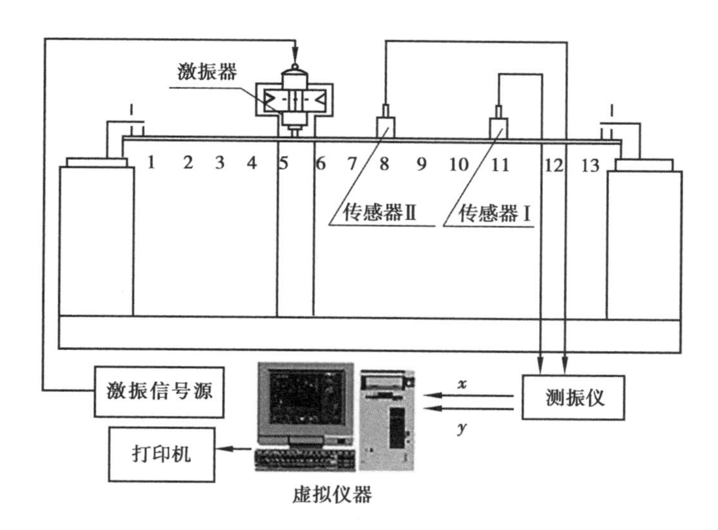

图 5.7　实验装置框图

3. 实验原理

本实验的模型是矩形截面简支梁(图 5.8),它是一个无限自由度系统。从理论上说,它应有无限个固有频率和主振型,在一般情况下,梁的振动是无穷多个主振型的叠加。如果给梁施加一个合适大小的激扰力,且该力的频率正好等于梁的某阶固有频率,就会产生共振,对应于这一阶固有频率的确定的振动形态称为这一阶主振型,这时其他各阶振型的影响小得可以忽略不计。用共振法确定梁的各阶固有频率及振型,首先得找到梁的各阶固有频率,并让激扰力频率等于某阶固有频率,使梁产生共振,其次,测定共振状态下梁上各测点的振动幅值,从而确定某一阶主振型。实际上,通常关心的是最低的几阶固有频率及主振型,本实验是用共振法来测量简支梁的一、二、三阶固有频率和振型。

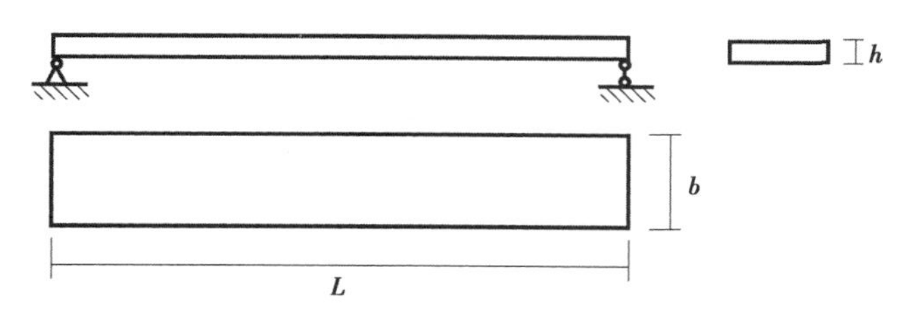

图 5.8　简支梁模型

由弹性体振动理论可知,对于如图 5.8 所示的简支梁,横向振动固有频率理论解为

$$f_o = 49.15\frac{1}{L^2}\sqrt{\frac{EJ}{Ap}} \tag{5.26}$$

式中　L——简支梁长度,cm;

E——材料弹性系数,kg/cm^2;

A——梁横截面积,cm^2;

p——材料比重，kg/cm^3；

J——梁截面弯曲惯性矩，cm^4。

对矩形截面，弯曲惯性矩：

$$J=b^3/12 \tag{5.27}$$

式中　b——梁横截面宽度，cm。

本实验取

$L = 60$ cm　　$b = 5$ cm　　$h = 0.8$ cm

$E = 2\times10^6\ kg/cm^2$　　$p = 0.007\ 8\ kg/cm^3$

各阶固有频率之比：

$$f_1 : f_2 : f_3 : f_4 : \cdots = 1 : 2^2 : 3^2 : 4^2 \cdots \tag{5.28}$$

理论计算可得简支梁的一、二、三阶固有频率和振型如图5.9所示：

f_1＝(　　)Hz　　f_2＝(　　)Hz　　f_3＝(　　)Hz

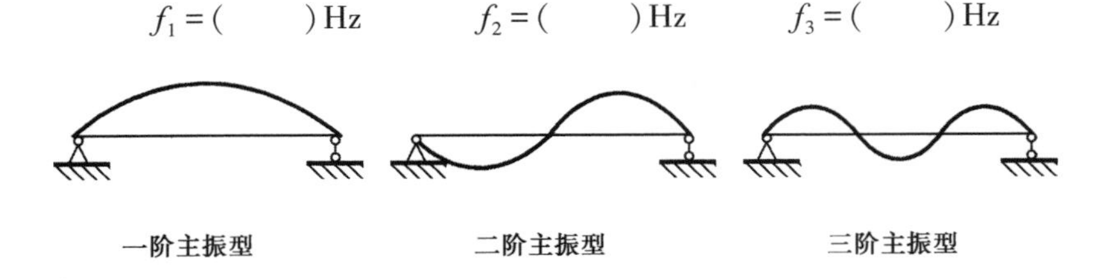

图5.9　简支梁的一、二、三阶固有频率和主振型

4. 实验方法

①沿梁长度选定测点并做好标记。选某测点为参考点，将传感器Ⅰ固定置于参考点，专门测量参考点的参考信号。传感器Ⅱ用于测量其余测点的位移响应振幅值。

②相位可直接由示波器或相位计测定。粗略判断相位时，可用李萨如图形法来判断参考点是否有同相或反相分量，例如，对于图5.9所示的一阶振型，各测点的振动位移幅值对于参考点均为同相分量，示波器中出现的李萨如图是一直线或一椭圆，直线或长轴方向始终在某一象限，若直线或长轴方向转到另一象限，则说明有了反相分量，在同相分量点与反相分量点间，必有一振幅值接近零的节点，如图5.9所示的二、三阶振型的节点。

③将电动激振器接入激振信号源输出端。开启激振信号源的电源开关，对系统施加交变正弦激振力，使系统产生振动，调整信号源的输出调节开关便可改变振幅大小。调整信号源的输出调节开关时注意不要过载。

④调整信号源，使激振频率由低到高逐渐增加，当激振频率等于系统的第一阶固有频率时，系统产生共振，测点振幅急剧增大，将各测点振幅记录下来，根据各测点振幅便可绘出第一阶振型图，信号源显示的频率就是系统的第一阶固有频率。同理，可得到二、三阶固有频率和第二、三阶振型。

5. 实验结果与分析

①各阶固有频率的理论计算值与实测值(表 5.4)。

表 5.4 固有频率理论与实测记录表

固有频率	f_1	f_2	f_3
理论值			
实测值			

②各测点的振幅实测值(表 5.5)。

表 5.5 测点振幅记录表

幅值 μm 测点 振型	1	2	3	4	5	6	7	8	9	10	11	12	13
一阶振型													
二阶振型													
三阶振型													

注:第 1,13 点为简支梁的支点处。

③绘出观察到的简支梁振型曲线。

④将理论计算出的各阶固有频率、理论振型与实测固有频率、实测振型相比较,是否一致?产生误差的原因在哪里?

五、连续弹性体悬臂梁各阶固有频率及主振型的测量

1. 实验目的

①用共振法确定连续弹性体悬臂梁横向振动时的各阶固有频率;

②观察分析梁振动的各阶主振型;

③将实测得的各阶固有频率、振型与固有频率理论值、理论振型比较。

2. 实验装置框图

实验装置框图如图 5.10 所示。

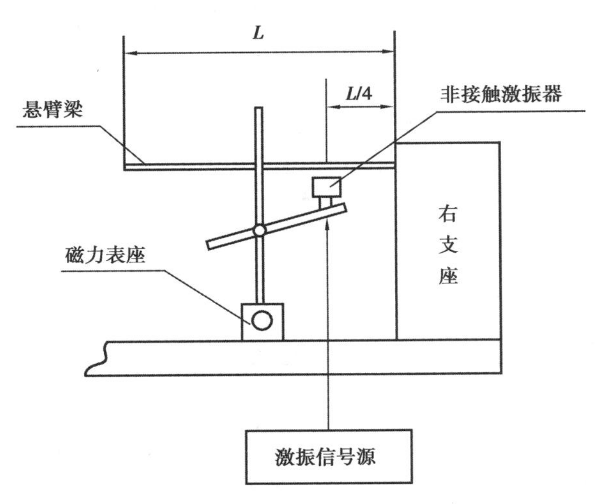

图 5.10　实验装置框图

3. 实验原理

悬臂梁是连续弹性体，有无限多个自由度，即有无限多个固有频率和主振型。在一般情况下，梁的振动是无穷多个主振型的叠加。如果给梁施加一个合适大小的激扰力，且该力的频率正好等于梁的某阶固有频率，就会产生共振，对应于这一阶固有频率的确定的振动形态叫作这一阶主振型，这时其他各阶振型的影响小得可以忽略不计。用共振法确定梁的各阶固有频率及振型，只要连续调节激扰力，当梁出现某阶纯振型且振动幅值最大即产生共振时，就认为这时的激扰力频率是梁的这一阶固有频率。实际上，通常关心的是最低的几阶固有频率及主振型，本实验是用共振法来测定悬臂梁的一、二、三阶固有频率和振型。

本实验是一矩截面梁（如图 5.11 所示），由弹性体振动理论可知，对于如图 5.11 所示的悬臂梁，横向振动固有频率的理论解为：

$$f_o = 17.5 \frac{1}{L^2}\sqrt{\frac{EJ}{Ap}}\text{Hz} \tag{5.29}$$

式中　L——简支梁长度，cm；

E——材料弹性系数，kg/cm^2；

A——梁横截面积，cm^2；

p——材料比重，kg/cm^3；

J——梁截面弯曲惯性矩，cm^4。

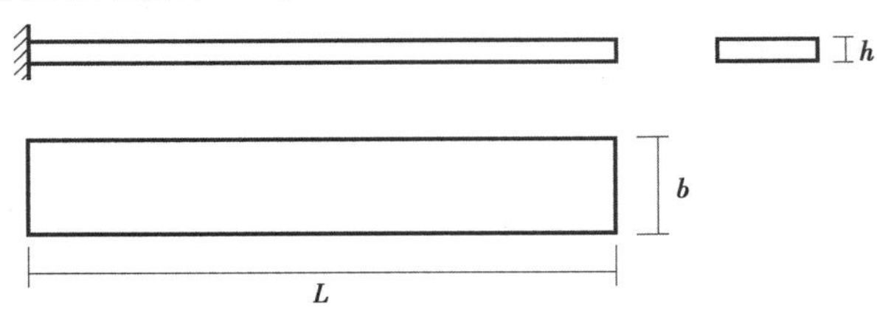

图 5.11　悬臂梁的形状与尺寸

对矩形截面，弯曲惯性矩：

$$J = bh^3/12 \tag{5.30}$$

式中　b——梁横截面宽度，cm；

h——梁横截面高度，cm。

本实验取：$L = 18.5$ cm　　$b = 1$ cm　　$h = 0.065$ cm

$E = 2 \times 10^6$ kg/cm^2　　$p = 0.0078$ kg/cm^3

各阶固有频率之比：

$$f_1 : f_2 : f_3 : \cdots = 1 : 6.25 : 17.5 : \cdots \tag{5.31}$$

进一步可计算出悬臂梁的一、二、三阶固有频率和振型(图 5.12)：

$f_1 = (\qquad)$ Hz　　$f_2 = (\qquad)$ Hz　　$f_3 = (\qquad)$ Hz

一阶主振型　　二阶主振型　　三阶主振型

图 5.12　悬臂梁的一、二、三阶固有频率和主振型

4. 实验方法

①选距固定端 $L/4$ 之处为激振点，将激振器端面对准悬臂梁上的激振点，保持初始间隙 $\delta = 6 \sim 8$ mm。

②将非接触激振器接入激振信号源输出端。开启激振信号源的电源开关，对系统施加交变正弦激振力，使系统产生振动，调整信号源的输出调节开关便可改变振幅大小。调整信号源的输出调节开关时注意不要过载。

③调整信号源，使激振频率由低到高逐渐增加，当系统出现明显的一阶主振型且振幅最大时，信号源显示的 f 频率就是梁的第一阶固有频率。找到一阶固有频率后，不再调整激振频率，只改变激振源输出功率的大小(即改变激扰力幅值大小)，并观察振型随激扰力大小变化的情况。用上述同样的方法可确定梁的二、三阶固有频率及振型。

5. 实验结果与分析

①各阶固有频率的理论计算值与实测值。

表 5.6　固有频率理论与实测记录表

固有频率	f_1	f_2	f_3
理论值			
实测值			

②绘出观察到的悬臂梁振型曲线。

③将理论计算出的各阶固有频率、理论振型与实测固有频率、实测振型相比较，是否一致？产生误差的原因在哪里？

六、主动隔振实验

1. 实验目的

①建立主动隔振的概念；

②掌握主动隔振的基本方法；

③学会测量、计算主动隔振系数和隔振效率。

2. 实验装置框图

实验装置框图如图 5.13 所示。

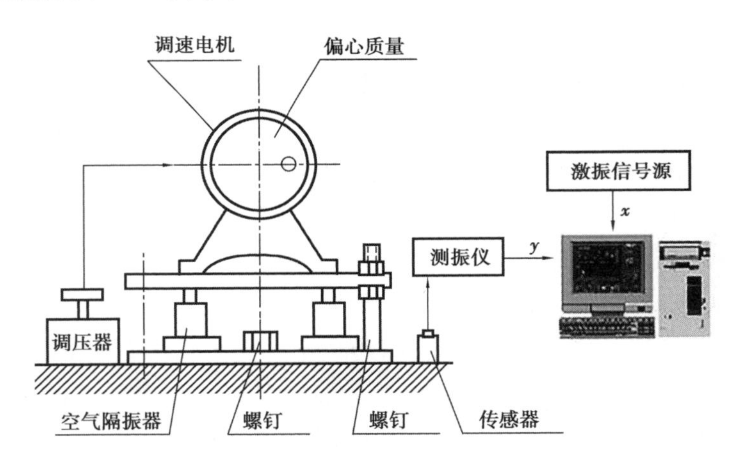

图 5.13 实验装置框图

3. 实验原理

在厂矿中，运行中的机器是很大的振源，它通过机脚、支座传至基础或基座。主动隔振就是隔离振源，使振源的振动经过减振后再传递出去，从而减小振源振动对周围环境和设备的影响。主动隔振又称为积极隔振或动力隔振。

隔振的效果通常用隔振系数 η 和隔振效率 E 来衡量。隔振系数定义式为：

$$\eta=\frac{\text{隔振后传给基础的力幅 }F_2}{\text{隔振前传给基础的力幅 }F_1} \tag{5.32}$$

由式(5.32)可知,测量主动隔振的隔振系数涉及动载荷的测量,测试较复杂,要精确测量很困难。在工程实际中,测量主动隔振系数常用间接方法,具体方法有两种:

方法1:通过隔振系统的固有频率f_o、阻尼比ξ和激振频率f_1计算隔振系数。

$$\eta=\sqrt{\frac{1+(2\xi\lambda)^2}{(1-\lambda^2)^2+(2\xi\lambda)}} \tag{5.33}$$

其中

$$\xi=\frac{1}{2\pi}\ln\frac{A_1}{A_2},\quad \lambda=\frac{f_1}{f_o}$$

方法2:通过基础隔振前、后的振幅值A_1、A_2计算隔振系数。

$$\eta=\frac{A_2}{A_1} \tag{5.34}$$

当已安装了隔振器再测量隔振前基础的振动时,为避免拆掉隔振器的麻烦(有的不允许再拆),可采用垫刚性物块办法,将隔振器"脱离",然后测基础振动。这种方法带来的误差不是太大,本实验也采用了这一方法。

隔振效率E定义式为:

$$E=(1-\eta)\times 100\% \tag{5.35}$$

当频率比$0<\lambda<\sqrt{2}$时,$\eta>1$,即$A_2>A_1$,隔振器没起隔振作用。当频率比$\lambda>\sqrt{2}$时,即$A_2<A_1$,隔振器起到了隔振作用。当频率比趋于1时,即$f_1=f_o$时,振动幅值很大,这一现象叫共振。共振时,被隔离体系不可能正常工作。$\lambda=0.8\sim1.2$为共振区,消除共振必须减小或增加5%的频率,所以无论阻尼大小如何,只有当$\lambda>\sqrt{2}$时,隔振器才发生作用,隔振系数的值才小于1。因此,要达到主动隔振目的,一方面,弹性支承固有频率f_o的选择必须满足$f_1/f_o>\sqrt{2}$,当$f_1/f_o>\sqrt{2}$时随着频率比的不断增大,隔振系数值越来越小,即隔振效果越来越好。但f_1/f_o也不宜过大,因为$f_1>f_o$大意味着隔振装置要设计得很柔软,静挠度要很大,相应地体积要做得很大,并且安装的稳定性也差,容易摇晃。另一方面,$f_1/f_o>5$后,η值的变化并不明显,这表明即使弹性支承设计得更软,也不能指望隔振效果有显著的改善。故实际中一般采用$f_1/f_o=3\sim5$,相应的隔振效率E可达到80%~90%。

4.实验方法

(1)松开隔振器上平台的4颗螺帽,用虚拟式FFT分析仪测量出隔振系统的固有频率f_o。然后启动调速电机,调到至一定转速后,用以上方法测量出激振频率f_1和阻尼比ξ。

(2)锁紧隔振器上平台的螺帽,使隔振器不起作用,测量出隔振前基础的振幅值A_1。然后松开隔振器上平台的螺帽,使隔振器起作用,测量出隔振后基础的振幅值A_2。

实验数据填入表 5.7。

表 5.7　实验数据表

调节器电压伏值/V						
隔振前基础幅值/μm						
隔振后基础幅值/μm						

(3)根据实验数据计算隔振系数和隔振效率。

5. 实验结果与分析

(1)实验数据

实验结果填入表 5.8。

表 5.8　实验结果表

隔振器固有频率 f_o	激振频率 f_1	阻尼比 ξ	$\lambda=\frac{f_1}{f_o}$	隔振前基础振幅值 A_1	隔振后基础振幅值 A_2
/Hz	/Hz			/μm	/μm

(2)根据方法(一),按式(5.32)、式(5.34)计算出隔振系数 η 和隔振效率 E。

(3)根据方法(二),按式(5.33)、式(5.34)计算出隔振系数 η 和隔振效率 E。

(4)对两种结果进行对比分析。

七、被动隔振实验

1. 实验目的

①建立被动隔振的概念;

②掌握被动隔振的基本方法;

③学会测量、计算被动隔振系数和隔振效率。

2. 实验装置框图

本实验用在电动式激振器激励下振动的简支梁模拟地基,用质量块 m 模拟被隔振的仪器设备,实验装置与测试仪器框图如图 5.14 所示。

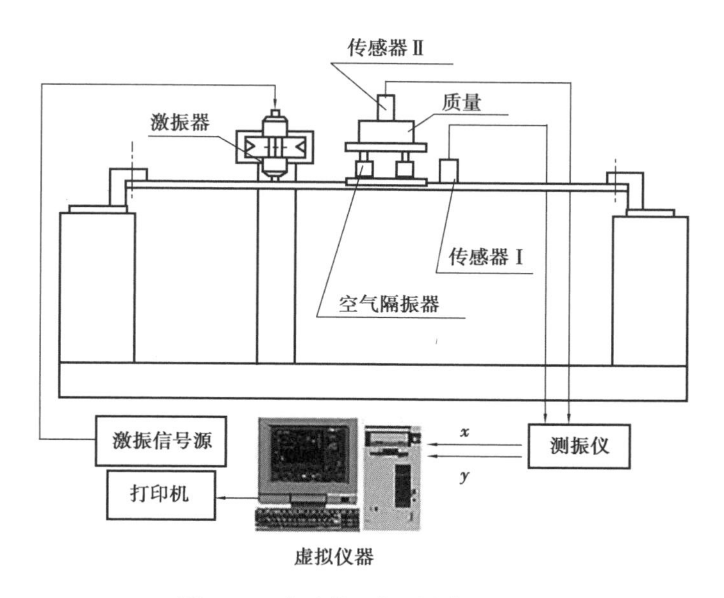

图5.14　实验装置与测试仪器框图

3. 实验原理

振动隔离是消除与减小振动危害的重要途径之一。在厂矿，振源通常是振动较大的机器设备，振源的振动通过地基传至周围环境和仪器设备。对于精密仪器和设备，为了使外界振动尽可能少地传到系统中来，就需将它与地基隔离开来，称为被动隔振或消积隔振。

被动隔振是为了防止周围环境的振动通过机脚、支座传至需要保护的精密仪器和设备，故又称为防护隔振，其目的在于隔离或减小振动的传递，也就是隔离响应，使精密仪器和设备不受基座运动而引起的振动的影响。

被动隔振的力学模型如图5.15所示，被隔振的设备置于减振器上，将设备与振动的地基隔离开。设备的质量为 m，减振器的刚度为 K、阻尼系数为 c。

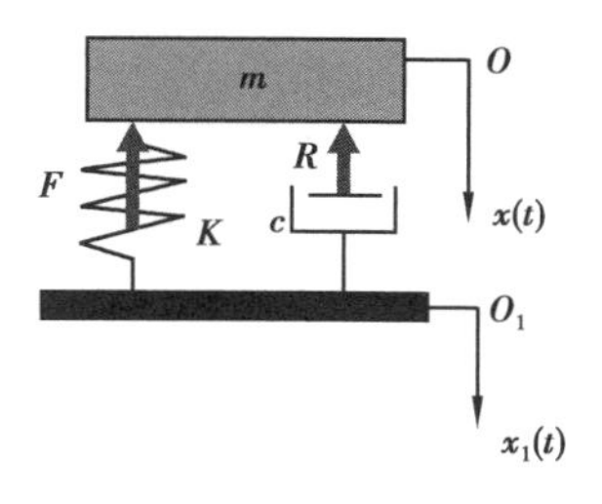

图5.15　被动隔振的力学模型

被动隔振的震源是地基。被动隔振的效果可用隔振系数或隔振效率来衡量，其定义式为

$$\text{隔振系数}\ \eta=\frac{\text{设备隔振后的振幅值}\ A_2}{\text{振源振幅}\ A_1} \tag{5.36}$$

$$\text{隔振效率}\ E=(1-\eta)\times100\% \tag{5.37}$$

若振源为地基的垂直简谐振动 $x_1=A_1\sin(\omega t)$，由振动理论可知：

$$\eta=\frac{A_2}{A_1}=\frac{\sqrt{1+(2\xi\lambda)^2}}{\sqrt{(1-\lambda^2)^2+(2\xi\lambda)^2}} \tag{5.38}$$

式中：阻尼比 $\xi=\frac{1}{2\pi}\ln\frac{A_1}{A_2}$。

$$\text{频率比 } \lambda=\frac{\text{激振频率}}{\text{隔振系统固有频率}}=\frac{f_1}{f_o}$$

当频率比 $0<\lambda<\sqrt{2}$ 时，$\eta>1$，即 $A_2>A_1$，隔振器没起隔振作用。当频率比 $\lambda>\sqrt{2}$ 时，即 $A_2<A_1$，隔振器起到了隔振作用。当频率比趋于 1 时，即 $f_1=f_o$ 时，振动幅值很大，这一现象叫共振。共振时，被隔离体系不可能正常工作。$\lambda=0.8\sim1.2$ 为共振区，要避开共振区应使频率增加或减小 5%，所以无论阻尼大还是小，只有当 $\lambda>\sqrt{2}$ 时，隔振器才发生作用，隔振系数 η 的值才小于 1。因此，要达到隔振目的，弹性支承固有频率 f_o 的选择必须满足 $f_1/f_o>\sqrt{2}$。

一方面，当 $f_1/f_o>\sqrt{2}$ 时，随着频率比的不断增大，隔振系数值越来越小，即隔振效果越来越好。但 f_1/f_o 也不宜过大，因为 f_1/f_o 大意味着隔振装置要设计得很柔软，静挠度要很大，相应地体积要做得很大，并且安装的稳定性也差，容易摇晃。另一方面，$f_1/f_o>5$ 后，η 值的变化并不明显，这表明即使弹性支承设计得更软，也不指望隔振效果有显著的改善。故实际中一般采用 $f_1/f_o=3\sim5$，相应的隔振效率 E 可达到 80% ~90% 以上。

4. 实验方法

①将传感器Ⅰ、Ⅱ分别置于简支梁和质量块上，用来测量简支梁振幅 A_1 和质量块振幅 A_2。并将传感器Ⅰ、Ⅱ的输出分别接入测振仪的 1、2 通道。

②激振信号源输出正弦信号驱动电动式激振器，对简支梁激振。将激振频率 f_1 由低向高调节，分别测出简支梁振幅 A_1 和质量块振幅 A_2，将数据记录在表 5.9 中。当刚出现 $A_2<A_1$ 时，说明刚满足 $f_1/f_o>\sqrt{2}$，这时的激振频率 f_1 就是隔振器能起到隔振作用的最低频率。

5. 实验结果与分析

实验数据记录于表 5.9。

隔振系统固有频率 f_2 =(　　　)Hz

表 5.9　实验记录表

激振频率 f_1/Hz	频率比 $\lambda=\frac{f_1}{f_0}$	振幅 A_1/μm	振幅 A_2/μm	隔振系数 $\eta=\frac{A_2}{A_1}$	隔振效率 $E=(1-\eta)\times100\%$

续表

激振频率f_1/Hz	频率比 $\lambda=\frac{f_1}{f_0}$	振幅 $A_1/\mu m$	振幅 $A_2/\mu m$	隔振系数$\eta=\frac{A_2}{A_1}$	隔振效率 $E=(1-\eta)\times100\%$

根据表绘出如图 5. 16 所示的 E-λ 曲线。

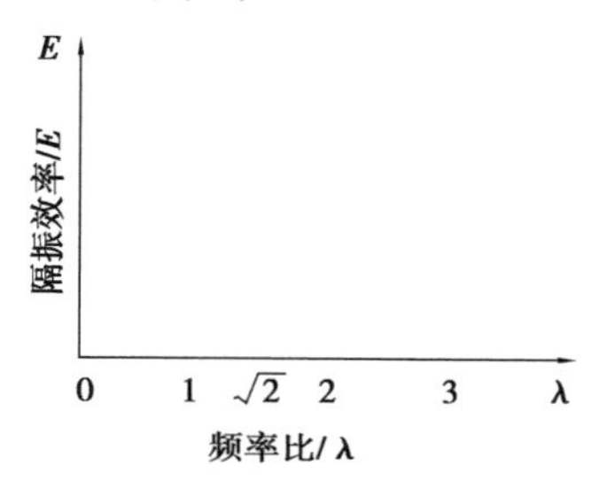

图 5. 16　E-λ 曲线示意图

第三部分

开放性实验

第六章
基础力学开放性实验

一、筷子桥结构模型的强度和应力分析实验

1. 与教学相关性

本实验具有一定趣味性，能够极大地调动学生的积极性，让大多数同学都能够参与到实验中来。实验项目着重培养学生的动手能力、力学分析能力，使学生了解所学到的知识与工程实际的关系，并对结构力学等有一定引入作用，为后续课程打下基础。

2. 实验目的

①利用100根筷子制作简支梁桥梁模型，要求：桥梁模型跨度$L \geq 500$ mm，共有2个桥墩，能够独立放置在水平地面，桥面下端位置距离地面高度$H \geq 50$ mm，桥面宽$d \geq 50$ mm。桥身结构可自由发挥，可使用桁架等结构。桥面中部预留加载空间$s \geq 50$ mm，即桥面最中间50 mm处保证平整，不能有任何拉索，或者凸起。

②测定桥模型的挠度与承载力的关系。

③将桥梁等效为简支梁模型，对桥梁进行受力分析，计算出桥梁加载时的弯曲，正应力，并画出图形。

3. 实验材料

①使用材料：筷子100根，铁丝20 m，502胶水1瓶，图钉1盒，小刀1把，钳子1把。

②可使用任意加工工具，但不能将工具加入桥梁结构中。简支梁桥梁模型如图6.1所示。

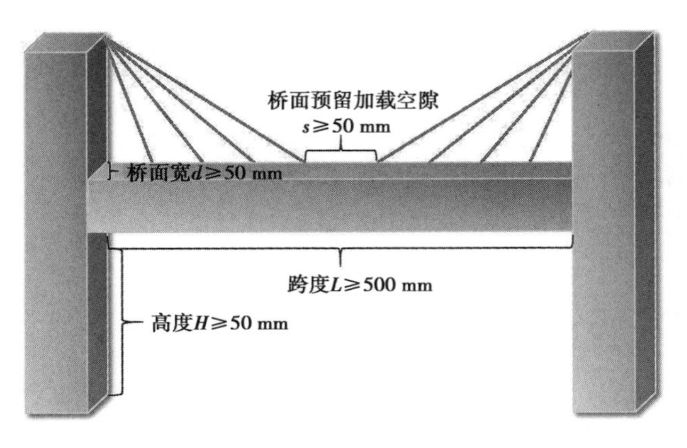

图 6.1　简支梁桥梁模型

4. 实验原理

本实验为开放性实验,可能会涉及以下原理:

①简支梁的弯曲;

②桥梁的结构;

③桁架结构力学分析。

5. 实验步骤

(1)课前任务

①前一节课分组进行试验,选择组长。组长领取制作材料。

②课下组长组织讨论,制订桥梁方案,讨论时间约为 1 h。

③根据方案自制桥模型。

(2)课堂任务

①由各组同学讲解桥模型结构、原理等,时长 5 min。

②桥模型做工、外观评比。

③进行桥梁测试,具体步骤如下:

a. 将桥梁放置在试验机下,试验机的速度设为 5 mm/min,设定位移 25 mm 停止加载,进行桥梁弯曲实验,记录桥梁的挠度与试验机力值关系。

b. 若试验机行程未达到 25 mm,桥梁损坏,则取力—挠度曲线的最大力的 80% 作为桥梁最大承载力;若试验机行程至 25 mm,桥梁仍未损坏,则取当前曲线最大力的 100% 为桥梁最大承载力。

c. 比较各小组最大承载力大小,并进行排名。

d. 将桥模型简化为简支梁,进行受力分析,计算出弯矩、桥梁等效刚度。

6. 实验考核

①各组成功自制桥模型,得 10 分。

②各组讲解桥梁的制作过程、外观、做工，并进行桥模型的力学分析等，20 分，分数获得须针对各小组表现进行排名，第一名满分，第二名 17 分，随名次依次扣 3 分，直至 0 分。

③实验测试后，根据承载力大小进行排名，最高名次得 40 分，第二名得 35 分，随名次依次扣 5 分，直至 0 分。

④每名同学填写 1 份实验报告，报告主要包括桥模型制作过程，实验运用原理、实验测试数据、实验数据分析、力学分析、实验心得等。实验报告占 30 分。

二、纸张激光笔自制测力装置实验

1. 与教学的相关性

基于材料力学的相关知识的应用，结合“翻转课堂”的新型的教学方法，旨在培养学生的创新和发散思维，制作此实验项目。

本实验涉及的知识点有材料的弹性模量、弯曲正应力、简支梁挠度应用，以及材料变形的放大，材料力学知识点与实际工程的应用。

纸张激光笔自制测力装置是一种开放式实验，能够锻炼学生的动手能力，便于学生思维发散，了解材料力学的实际应用。

2. 实验目的

①复习材料的变形及力学性能，学会将材料力学变形与实际工程结合；

②利用材料力学原理，自制测力装置；

③利用测力装置测定盲盒中螺丝钉个数。

3. 实验材料

纸张 1 包，胶带 2 卷，筷子 1 双，签字笔 1 支，铁丝 2 m，502 胶水 1 瓶，液体胶水 1 瓶，裁纸刀 1 把，盲盒 1 个(内含螺栓)，螺栓 5 个(150 g)。

4. 实验原理

本实验是学生自由发挥的综合性实验，根据学生制作的形式不同，原理各异。可能会涉及以下原理：

①利用材料的弹性阶段，结合相关技术手段制作传感器；

②梁的挠度和弯曲应力理论。

5. 实验步骤

①学生课前得到制作任务，查阅相关资料，利用所述材料制成测力装置。装置形式不限，

利用材料可准确测量螺帽个数即可。

②学生上课前,分组简介自己的测量装置原理、设计方案等。

③每组有 10 min 时间调试装置,调试完成后进行测试,每组有 3 次机会,成绩取误差最小值。

④测量装有未知螺栓个数的盲盒(盲盒质量远小于螺栓质量),计算出方盒内螺帽的个数及质量。

⑤将内容测试结果填入表 6.1。

表 6.1　数据记录表

重物	未知方盒 1	未知方盒 2	未知方盒 3
称重方盒的质量			
方盒内螺帽个数			
所测螺帽质量			
实际螺帽质量			
误差			

其他步骤依据学生实验方法而定。

6. 实验考核

①教师根据学生各组实际制作的测力装置外观、利用原理给分,实物制作共计 20 分。

②根据各组测试结果,对误差从小到大排名,排名最高的满分,其他组名次降低 1 位扣 3 分。此项共计 40 分。

③每位同学书写 1 份实验报告,主要包括测力装置制作过程,实验运用原理、实验测试数据、实验数据分析、实验心得等。实验报告共计 40 分。

三、环形测力传感器自制及受力分析实验

1. 与教学关联性

材料力学涉及的研究对象主要为直杆,但其分析方法不能完全适用于其他构件的宏观受力分析。环形传感器弹性体的受力分析,对于学习材料力学的同学具有一定的挑战性。通过对该分析过程的学习,可以激发学生运用学习的材料力学理论知识的热情,在不断肯定与否定的循环中,验证自己的猜想,并激励学生继续深入学习。同时对掌握了应变测量方法的同学,在无法得到准确的分析结果的情况下,让其可以利用测量技术来证实自己的猜测,理解实

验技术与理论分析的相互关系。

2. **实验目的**

①了解环形测力传感器制作工艺及流程；
②掌握应变仪组桥方式；
③了解应变片的应用；
④学会自制简易环形拉力传感器。

3. **实验材料及装置**

①电子万能材料试验机；
②贴片工具及应变片、导线等；
③应变仪；
④尺子；
⑤板式拉环传感器弹性体。

4. **实验原理**

(1)电测法的基本原理

电测法就是将物理量、力学量、机械量等非电量，通过敏感元件——应变传感器感受下来并转换成电量，然后通过专门的应变测量设备(如电阻应变仪)进行测量的一种实验方法。电阻应变式传感器就是将被测物理量的变化转换成电阻值的变化，再经相应的测量电路测量后，在传感器上显示或记录被测量值的变化。在此我们将电阻应变式传感器作为测量电路的核心，并根据测量对象的要求，适当地选择传感器的精度和范围。

该原理的详细介绍请看第二章。

(2)环形传感器的力学特性

拉力环的传感器结构及应变片粘贴位置如图6.2所示。

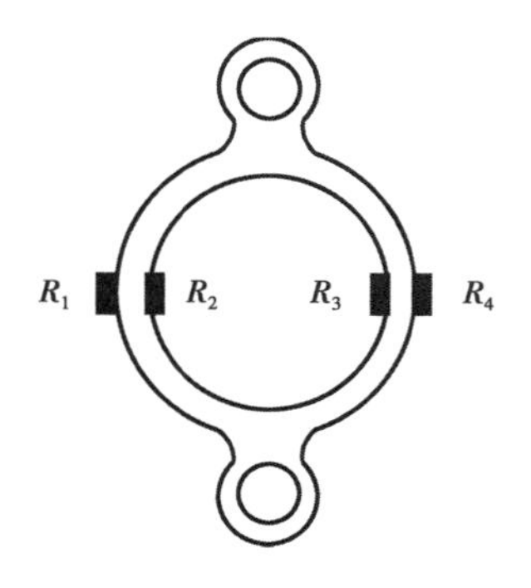

图6.2　拉力环

圆环结构完全对称，根据应力分析，应变片 R_1,R_2,R_3,R_4 所测量的应变有如下关系：

$$\varepsilon_1=-\varepsilon_2=-\varepsilon_3=\varepsilon_4 \tag{6.1}$$

圆环受到拉力时，$\varepsilon_2=\varepsilon_3$，数值为正；$\varepsilon_1=\varepsilon_4$，数值为负。

5. 实验步骤

（1）课前任务

①学生选课后，根据情况进行分组，并选择组长。组长在指导老师处领取传感器弹性体，以及其他耗材及工具。

②各组学习实验指导书，并查阅参考资料，制订组桥方案、贴片方案，并画出惠斯通电桥电路图。

③学习应变片粘贴教程，在练习贴片试样上反复练习，直至熟练贴片。

④在传感器弹性体上贴片，并连接好导线。

⑤确定试验机加载方案。

（2）课堂任务

①将连接好的应变片给指导老师看，每组派组长讲解测力传感器设计原理设计的组桥方法，限时 5 min。

②检测自己贴片电阻是否是通路。

③将传感器上的应变片导线与应变仪正确组桥，利用试验机对传感器进行加载，记录数据。

④计算出传感器的应变与力值线性关系。

⑤给传感器加载一个量程范围内的试验力，利用线性关系计算出力值，并进行误差比较。

⑥根据误差，各组进行排名。

6. 实验考核

①各组成功贴好应变片，得分 10 分。

②各组方案讲解，设计原理，共 10 分。

③检测粘贴应变片的电阻大小，电路是否通路。若合格，得 10 分；否则扣 3 分，并进行更改调整，调整时长为 10 min，每超过 1 min 扣 1 分，直至成功。

④将传感器应变片与应变仪正确组桥，利用试验机进行标定，计算出应变与力值关系式，得 10 分。

⑤在现场进行随机加载试验，将计算出的力值与实际力值进行比较，并计算误差。小组进行精度对比并排名，第一名得 40 分，依次每减一位扣 3 分。

⑥每位同学填写 1 份实验报告。报告主要包括桥模型制作过程，实验运用原理、实验测试数据、实验数据分析、实验心得等。每组每个同学书写实验心得，附在每组的试验报告后。实验报告占 20 分。

四、简易电子秤制备实验

1. 实验目的

①了解电子秤的称重原理,测量方法;
②掌握电测法的基本原理与应变仪的组桥方式;
③掌握电阻应变式压力传感器的工作原理;
④掌握测试系统的性能测量及定标方法;
⑤学会自制简易电子秤。

2. 实验材料及装置

①静态电阻应变仪;
②万用表;
③平行梁;
④电烙铁、电阻应变片、游标卡尺、砝码等。

3. 实验原理

(1)操作流程图

简易电子秤制备实验的操作流程如图 6.3 所示。

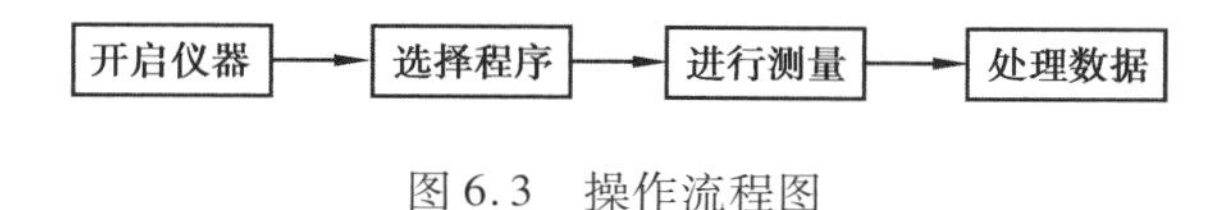

图 6.3　操作流程图

(2)实验思路

电阻应变式传感器是根据应变原理,通过应变片和弹性元件将机械构件的应变或应力转换为电阻的微小变化再进行电阻测量的装置。电阻应变式传感器是传感器中应用最多的一种,广泛应用于电子秤以及各种新型结构的测量装置。

本节简述的是由电阻应变片式传感器组成的电子秤的工作原理及制作方法。电子秤是由电阻应变片、测量电路、差动放大电路、A/D 转换器、显示电路等组成,其中电阻应变片是重中之重。而差动放大电路的作用就是把传感器输出的微弱的模拟信号进行一定倍数的放大,以满足 A/D 转换器对输入信号电平的要求。A/D 转换的作用是把模拟信号转变成数字信号,然后把数字信号输送到显示电路中去,最后由显示电路显示出测量结果。

具体方案如图 6.4 所示。

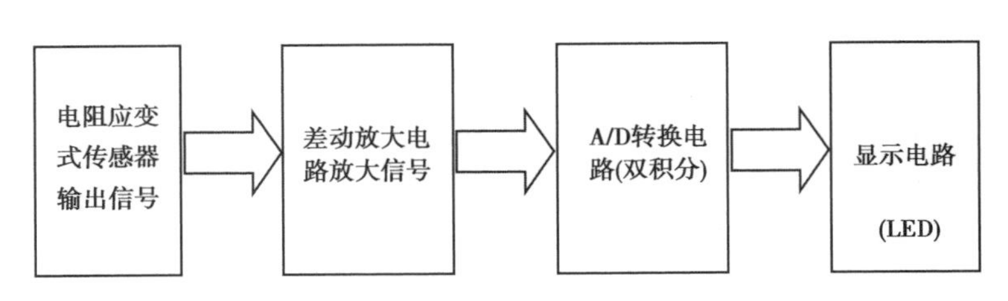

图 6.4　具体方案图

(3)平行梁压力传感器的力学特性

1)基本结构

平行梁称重传感器弹性元件是由 2 个平行梁和 2 个垂直梁组成的整体结构,如图 6.5 所示。

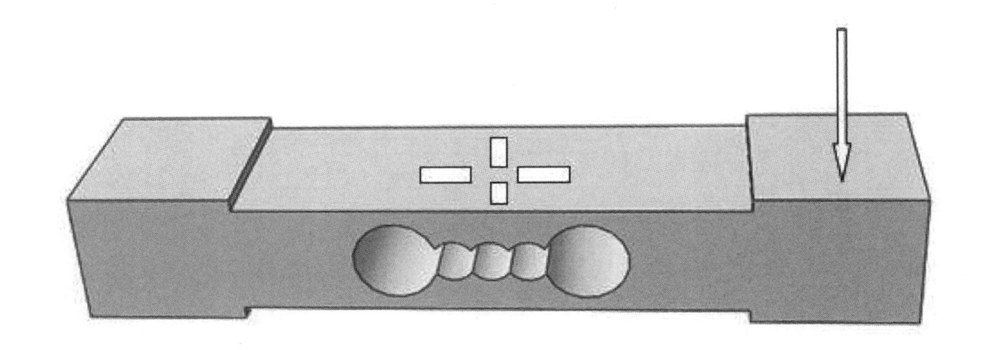

图 6.5　平行梁压力传感器结构

2)力学特性

平行梁压力传感器受载后的变形如图 6.6 所示。

电阻应变片 T_1 和 C_1 测得的应变值,正比于载荷 P 在此截面引起的弯矩 M_1,即

$$M_1 = L_1 P \tag{6.2}$$

同理电阻应变片 T_2 和 C_2 测得的应变值,正比于载荷 P 在此截面引起的弯矩 M_2,即

$$M_2 = (L_1 + L) P \tag{6.3}$$

两个应变截面的弯矩差为:

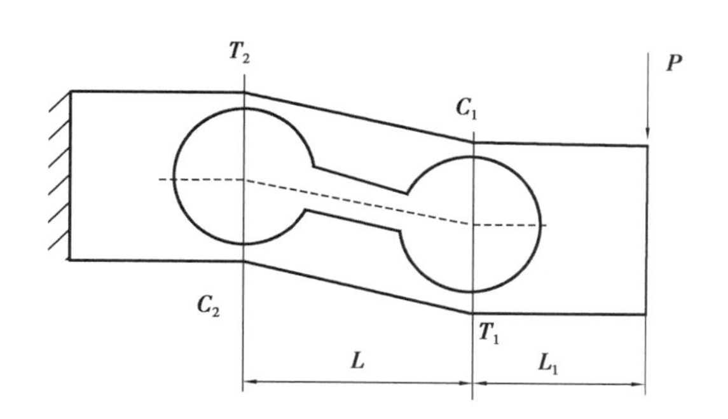

图 6.6　平行梁弹性元件变形图

$$M_2-M_1=(L_1+L)P-L_1\cdot P=L\cdot P \tag{6.4}$$

由于减去了弯矩 L_1P，保留了 LP，所以平行梁型称重传感器的输出对加载点位置的变化不敏感，而只与 2 个应变截面的距离 L 有关。

当弹性元件垂直梁的刚度很大时，载荷 P 处只发生垂直位移（即加载点所在平面受载后平行下移），弹性元件应变区呈平行四边形变化。这就是平行梁弹性元件独有的力学特性，也称其为不变弯矩原理。根据这一原理，在选择组桥方式时，应将 C_1 和 T_2、C_2 和 T_1 分别接在相邻的桥臂上。

平行梁弹性元件的另一特点是抗端面力横向力和扭力矩的能力强。在端面力作用下，四片电阻应变片全部产生压缩应变，因此 M_1 和 M_2 截面出现相同的应变，从 M_2 减去 M_1 时，电桥的输出无变化，在横向力作用下，由于电阻应变片粘贴在平行梁的中性轴上，各应变值无任何明显的变化，即使产生微小变化，上下平行梁电阻应变计变化相同，对电桥输出仍无影响。

在平行梁弹性元件上施加扭矩时，沿电阻应变计的断面将分别发生均匀的扭转剪切变形，M_1 和 M_2 产生相同的应变，并且被相减掉，电桥的输出无变化。

3）平行梁称重传感器的结构与特点

平行梁压力传感器的结构形式较多，按弹性元件的形状分有双孔、双连孔、五连孔、单孔、方框、错位平行梁等结构，其中应用最多的是双孔平行梁结构。按弹性元件的边界条件和载荷引入情况分有悬臂梁形、带辅助梁形和 S 形平行梁压力传感器，如图 6.7 ~ 图 6.9 所示。

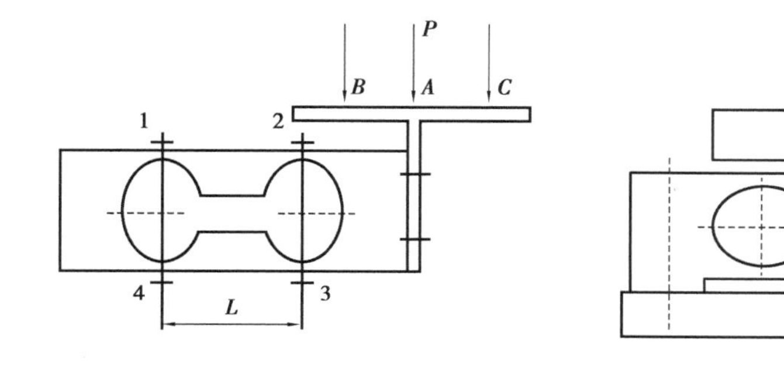

图 6.7　悬臂梁形平行梁弹性元件　　　　图 6.8　带辅助梁形平行梁弹性元件

本实验采用五连孔 S 形平行梁压力传感器（型号 LAB-B-B），它是以五连孔平行梁弹性元件为基础，在其端部分别增加两个反对称的辅助梁而形成 S 形平行梁弹性元件。

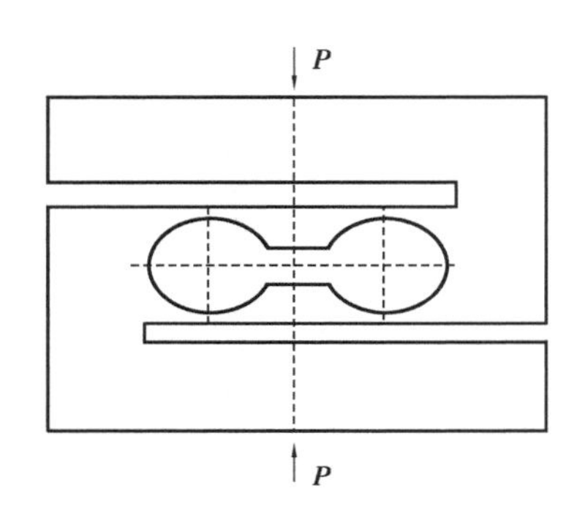

图 6.9　S 形平行梁弹性元件

S 形平行梁压力传感器的特点是：通过增加的上、下反对称辅助梁实现中心加载，并使加载中心轴线与 S 形弹性元件的中心轴线一致，具有线性好、准确度高的特点；外载荷由上、下反对称辅助梁引入，形成自身平衡系统，无边界效应影响，因而滞后误差小；承受载荷的方式灵活，可实现拉向、压向和同时进行拉、压双向加载；电阻应变片粘贴在平行梁的内表面，得到了很好的保护。

4. 实验步骤

（1）课前内容

1）测量传感器三维尺寸（单位：mm）

2）传感器的内置电路分析

①将压力传感器中间的平行梁取出，小心刮开上、下表面的应变片防护胶层，用砂纸打磨光滑，并用酒精清洗平行梁表面；

②分析在平行梁上应该如何贴片才能消掉弯曲和扭转产生的应变，只保留压力产生的应变；

③根据平行梁压力传感器的不变弯矩原理，分析压力传感器的内置电路，得出相应的组桥方式。

3）贴片连接电桥

将传感器上下表面的应变片刮除后重新贴片并测量各个应变片电阻值，验证导线连接无问题。

使用万用表测量传感器中的内置电路，测得 4 个应变片的电阻为 120 Ω，证明导线连接没有问题。

4）画出连接电路图

思考并选择组桥方式，绘制出电桥电路图。

（2）课堂任务

①将连接好的应变片给指导老师看，每组派组长讲解电子秤设计原理，自己设计的组桥方法，限时 5 min。平行梁上表面如图 6.10 所示，侧面如图 6.11 所示。

图 6.10　平行梁上表面

图 6.11　平行梁侧面

②检测贴片电阻，电路是通路。

③将电子秤托盘连接好。

④将电子秤与应变仪正确组桥，利用砝码进行标定，并写出系数。

⑤随机称重物体质量，并计算出物品质量。

5. 实验考核

①对各组应变片铺贴的结果进行评分，共 10 分。

②让各组对桥梁的设计原理进行讲解并以此评分，共 10 分。根据讲解进行排名，第一名满分，第二名 8 分，随名次依次扣 2 分，直至 0 分。

③检测所贴应变片的电路是否通路。若合格，得 10 分；否则扣 5 分，并进行更改调整，调整时长为 10 min，每超过 1 min 扣 1 分，直至成功。

④将电子秤与应变仪正确组桥，利用砝码进行标定，写出应变与重物关系式，得 30 分。

⑤现场测量随机质量的重物与实际重物比较，每差 10 g 扣 1 分。各组进行精度对比并排名，第一名加 20 分，第二名不加分。

⑥每位同学填写 1 份实验报告。报告主要包括桥模型制作过程，实验运用原理、实验测试数据、实验数据分析、实验心得等。实验报告占 20 分。

五、金属弹性模量测定

1. 实验目的

①培养学生发散思维，巩固材料力学知识体系；

②使学生体验全国大学生周培源力学竞赛团体赛题目类型和难度；

③掌握弹性模量测定方法、原理。

2. **实验内容**

实验提供未知材质金属条3根,利用力学原理工具,测定金属材料的弹性模量。利用实验室现有设备(引伸计除外),并采购相关耗材、简单工装夹具,可自行设计实验方案,进行实验测试。每组提出不少于2种解决方案。每组经费不得超过100元。下发的3根金属条有1根可用于方案测试(可重复利用),2根用于最终测试。

3. **实验要求**

①每组经费不得超过100元,若花费超过此金额,本课程得0分。经费主要包含测试用的耗材、简单工装加工等。经费需提供耗材明细表,借用耗材需进行核算(如借用1瓶价值3元的502胶水,使用1/3,则须写:使用1/3,共计1元),否则将扣分。

②不得使用实验室现有引伸计测定弹性模量,可自行设计类似传感器进行测定。

③可查找相关的文献和资料并注明参考文献或参考地址。

④可用设备及工具有:

a. 指定实验室除引伸计以外的所有设备,主要含有:万能材料试验机、砝码、五金工具箱(含常见螺丝刀、扳手、锯子、电转等)、课桌椅等。

b. 需要的其他工装夹具可以提出。

⑤实验方案:每种测试方法需编写实验方案,列出数据记录表,实验计算方法。

⑥每组所有的测试工具需自行准备、调试、安装。上课只做正式测试,不再预留调试时间。测试完成后10 min内提供原始数据曲线和计算结果。

4. **实验考核**

(1)团队评分标准及规则

①团队分共计100分。

②禁止项(有以下情况,实验课程得0分):

a. 金额超过100元(不含100元)。

b. 提供曲线不是本组测试数据。

c. 故意篡改实验数据修正实验结果的。

d. 抄袭其他组数据。

③加分项(可在实验总分基础上加分):

a. 基本要求为提出2种合理测试方案,每多提出1种并测试成功(结果误差在15%以内)加2分,最多加5分。可多提供备用样条。

b. 有自行设计传感器并用于弹性模量测定的加5分。

④评分标准:

c. 存在禁止项的情况实验得0分。

d. 团队实验方案(40 分):课题进行实验方案答辩,并给出理论支撑,实验的可行性分析。提供 2 种合理实验方案得 20 分。只提供 1 种合理测试方案得 10 分。现场会针对方案情况、答辩情况酌情加减分。

e. 团队实验测试(60 分):每种方案有 5 min 的最终调试时间,调试完成后进行测试,每种方案有 3 次测试机会。测试以最后一次的测试数据为最终数据,由组长决定各种方案测试的先后顺序,是否继续测试。再次强调:实验测试最终数据以最后一次测试数据为准。根据数据结果,若测试结果误差在 5% 以内,团队分得 60 分。若测试结果误差大于 5%,则将团队结果误差排序,第 1 名得 55 分,第 2 名得 53 分,以此类推,直至 0 分。

(2)个人评分标准及规则

①个人分采用百分制,主要表现形式为实验报告情况、个人团队表现情况等。

②个人报告可提出测试方案,是加分项。

(3)总成绩评定标准

最终成绩=团队分×60%+个人分×40%

六、纸塔搭建

1. 实验目的

(1)培养学生发散思维,巩固材料力学知识体系;

(2)掌握桁架的几种基本结构,以及其受力分析,初步探索结构力学;

(3)初步了解比强度的概念。

2. 实验材料

课程提供的材料清单见表 6.2:

表 6.2　材料清单

序号	名称	规格	单位	数量	备注
1	纸张	A4	包	1	不够可自行增加
2	502 胶水	—	瓶	1	不够可自行增加

3. 实验原理

比强度越高表明达到相应强度所用的材料质量越轻。优质的结构材料应具有较高的比强度,才能尽量以较小的质量满足强度要求,同时可以大幅度减小结构体本身的自重。比强度越高的结构,才是越优秀的结构。为考虑到纸塔比强度,需考虑单位质量承重大小,单位质量承重越大,纸塔的结构越优异。

4. 实验内容

利用所提供的A4纸设计制作一个纸塔,可以在顶部承受载荷。纸塔底部为四边形,边长最长为30 cm,高最低为70 cm(尺寸不合格,直接判为0分),误差不超过1 cm。纸塔可稳固独立放置,不能依赖任何物体。纸塔顶部水平,必须够稳固放置一块平板。

每队可制作2~3个纸塔,进行2~3次实验后,取最大值作为最终分数。

其他注意事项:

①选手所制出的所有材料都来自所提供的物品,不得另外添加材料。对于提供的材料可全部采用,也可部分采用。纸张内不得掺杂其他物体,否则按照0分处理。

②工具可随意使用,除提供的工具之外,也可自行使用其他工具。但工具不能作为制作材料。

③测试过程中,选手不触碰纸塔。

④本课程要求课下完成该内容,一周后进行测试。

5. 实验步骤

①称重纸塔质量 m。

②纸塔放置在试验机平面上,底部在下,顶部在上,顶部放置一块平板,万能材料试验机压盘与平板接触,以压缩速率为5 mm/min进行压缩,试验机可获取实时的力-位移曲线,直至纸塔完全压溃时,曲线峰值作为纸塔承受最大载荷 F_{max}。

③纸塔单位承重(N/g)为:$S=F_{max}/m$。

④分别对2~3个纸塔进行测试,取最好值,组长在最终的成绩单上签字。

6. 实验考核

实验分数分为团队分和个人分。最终成绩组成为:

$$最终成绩=团队分\times80\%+个人分\times20\%$$

(1)团队分

①纸塔制作符合规范,纸塔数量制作在2个及以上,纸塔能够放置平稳在试验机底部,顶部可以平稳放置一块平板。(30分)

②纸塔2~3次测试后,取最好成绩作为最终成绩。根据成绩排名进行排序,则第 i 名成绩 P 为:$P=60-5\times(i-1)$。

③最终团队分数为上述两项成绩总和。

(2)个人分

个人分采用百分制,主要表现形式为实验报告情况、个人团队表现情况等。

第七章
开放性实验演练

一、简易电子秤制备实验演练

1. 电子秤标定

(1)砝码加载

不同质量砝码加载在电子秤上,测量值如图7.1所示。

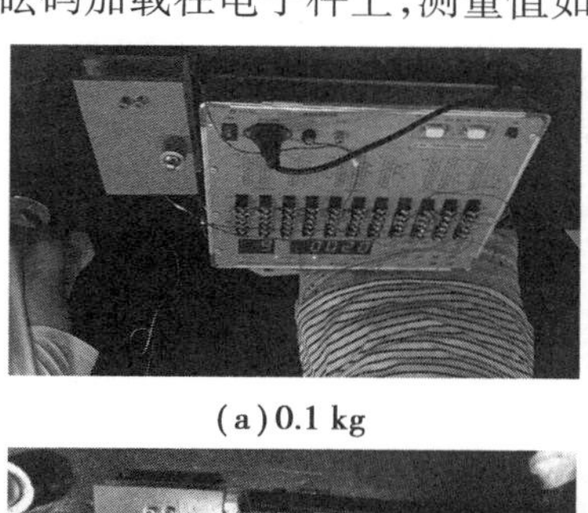

(a)0.1 kg

(b)0.2 kg

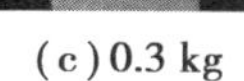

(c)0.3 kg

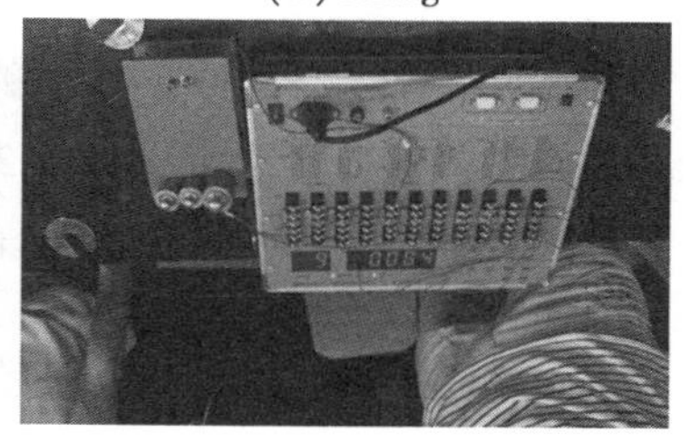

(d)0.4 kg

图7.1　砝码不同重量的应变值

由于各种误差的存在,在不同位置测量相同质量砝码产生的应变值会有微小差别,所以同一压力测了3组数据进行记录,实测压力传感器标定数据记录如下:

表 7.1　数据记录表(单位:质量/kg,应变值/με)

应变值 质量	0.1	0.2	0.3	0.4	0.5	0.6	0.7	0.8	0.9	1
第一组	21	42	63	85	106	127	148	168	189	212
第二组	21	43	64	85	107	127	148	168	191	212
第三组	21	43	63	86	106	127	147	168	191	211
平均值	21	42.7	63.3	85.3	106.3	127	147.7	168	190.3	211.7

结果表明,质量和应变基本呈现线性关系。

(2)数据线性拟合

将压力传感器在不同载荷下的应变值整理于表中,并以此为依据,以质量为横坐标,应变为纵坐标,利用 MATLAB 对其进行数据拟合分析,根据表中数据拟合得到的曲线如图 7.2 所示。直接从 MATLAB 中读取相应的拟合函数为线性函数,其拟合函数表达式为:$y=210.963\,6x+0.300\,0$。

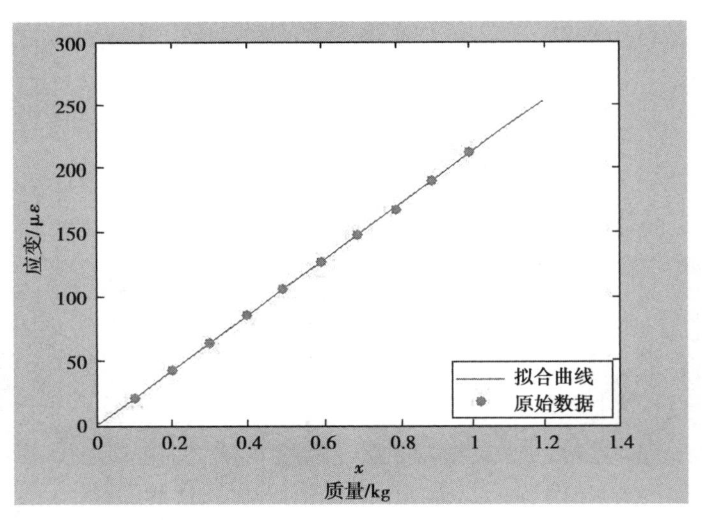

图 7.2　质量和应变的拟合曲线

由拟合曲线得到拟合值和测量值见表 7.2。

表 7.2　拟合值测量值对比表

质量/kg	0.1	0.2	0.3	0.4	0.5	0.6	0.7	0.8	0.9	1.0
测量值/με	21	42.7	63.3	85.3	106.3	127	147.7	168	190.3	211.7
拟合值/με	21.4	42.5	63.6	84.7	105.8	126.9	148.0	169.1	190.2	211.3

可以看出,拟合值和测量值基本吻合,所以该拟合函数能够用来表示压力传感器压力和

应变之间的关系。通过分析实验测量结果,每 100 g 砝码产生的应变值为 21 με 左右,因此可以用此数据对传感器进行标定,通过测出的应变值来反推压力值,其关系表达式为 $y=210.963\,6x+0.300\,0$,其中 x 为压力值,单位为 kg;y 为应变值,单位为 με。

2. 有限元分析

(1)有限元模型建立

根据平衡梁尺寸,利用大型有限元 ABAQUS 软件进行有限元几何建模如图 7.3 和图 7.4 所示。

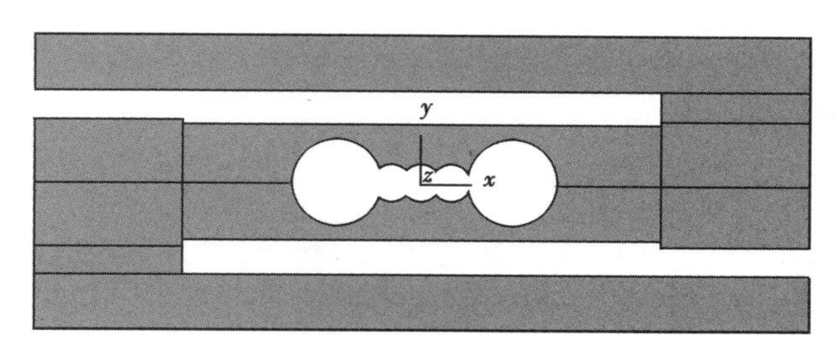

图 7.3　传感器的整体有限元几何建模

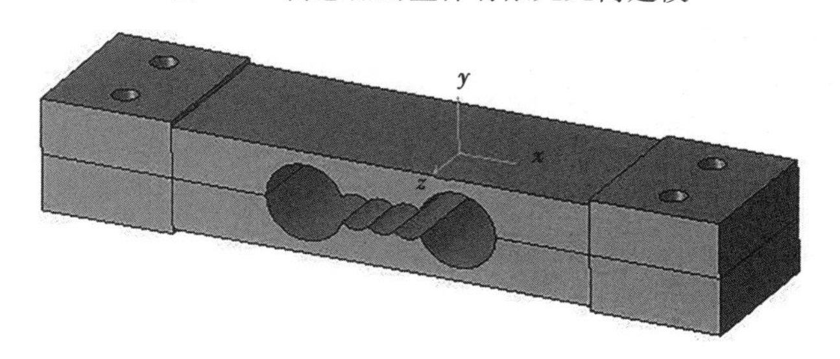

图 7.4　试件的三维视图

在进行有限元数值模拟的过程中,采用三维实体单元,其材料为 LY12 型铝合金,弹性模型为 68 GPa,泊松比为 0.28。用刚体约束的方法设定垫板和压板,并且用 Tie 约束方式定义链接。实体具体划分网格如图 7.5 所示,为保证计算精度,在四连孔局部区域进行了网络细化。

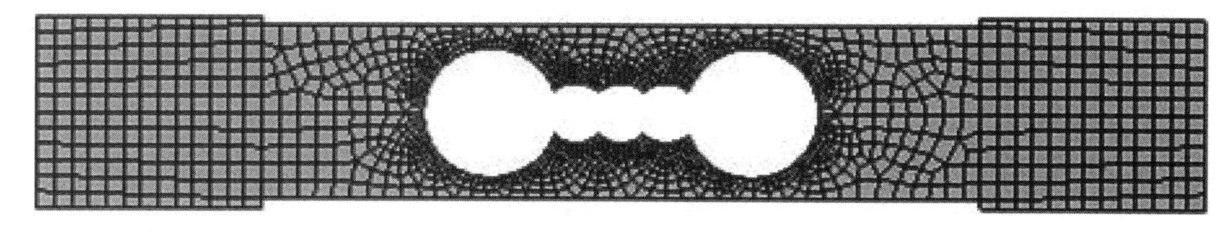

图 7.5　传感器的网格划分

为了能得到更加准确的数据,在分 3 种工况下分别在 3 个参考点上 RP-01,RP-02,RP-03,施加 1 ~ 10N 线性增加的集中载荷如图 7.6 所示,并对底板进行全约束。

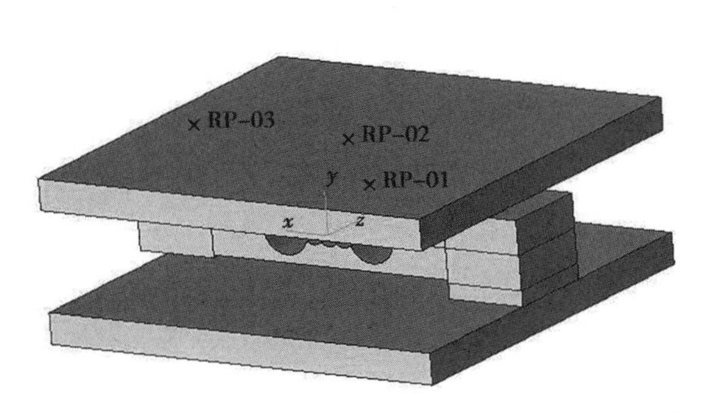

图 7.6 载荷施加位置

在后处理中,提取如图 7.7 所示中的两个单元 1、2 处以及与之对应的下底面的两个单元 3、4 处的 x 方向的应变值,以便和实验进行比对分析。

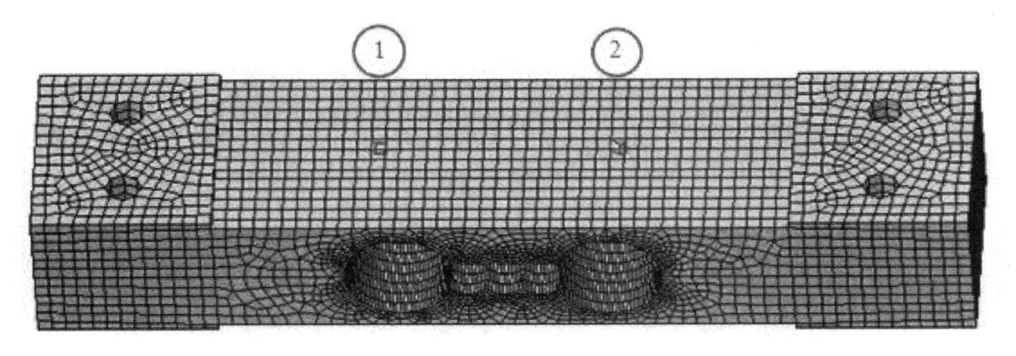

图 7.7 提取数据处的单元位置

(2)有限元数据处理及结果分析

通过 ABAQUS 计算,截取了在工况 1 的情况下试件的变形云图如图 7.8 所示,Mise 应力云图如图 7.9 所示,整体位移云图如图 7.10 所示,最大应变云图如图 7.11 所示。

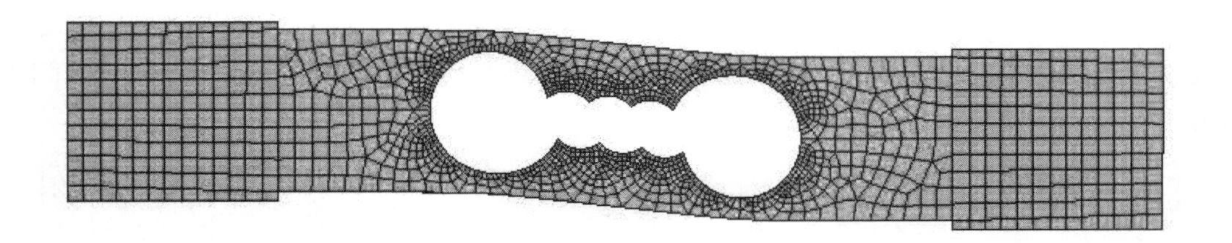

图 7.8 试件的变形云图

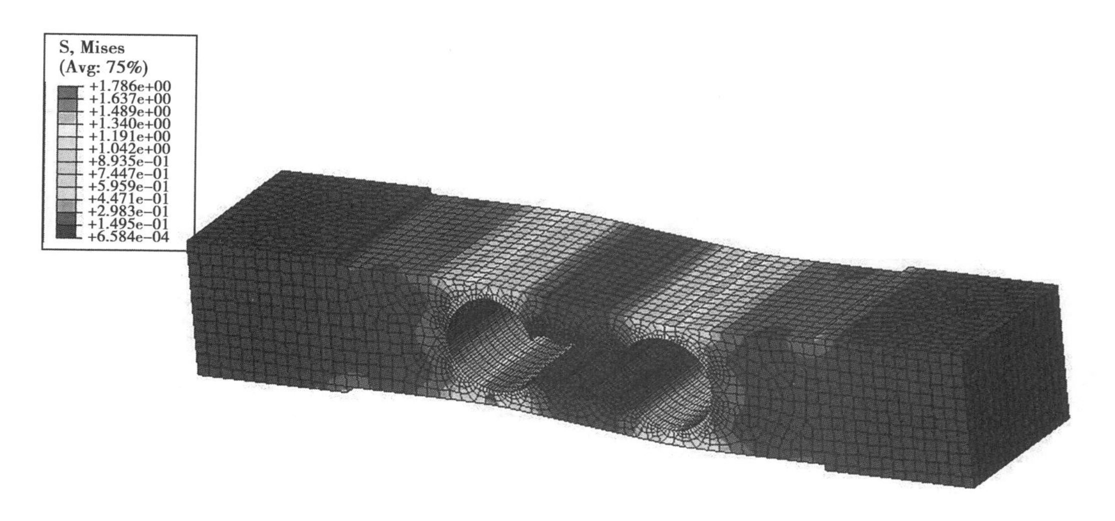

图 7.9　试件的应力云图

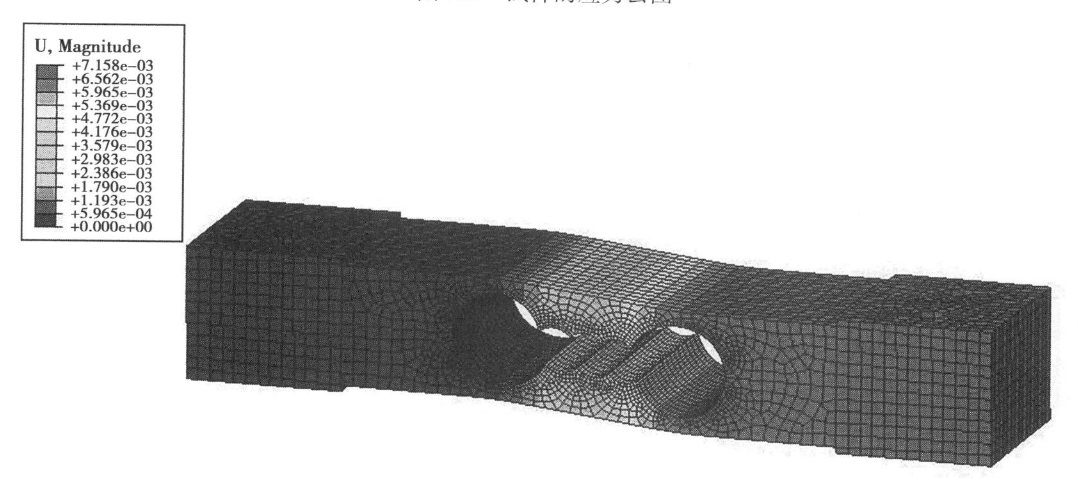

图 7.10　试件的位移云图

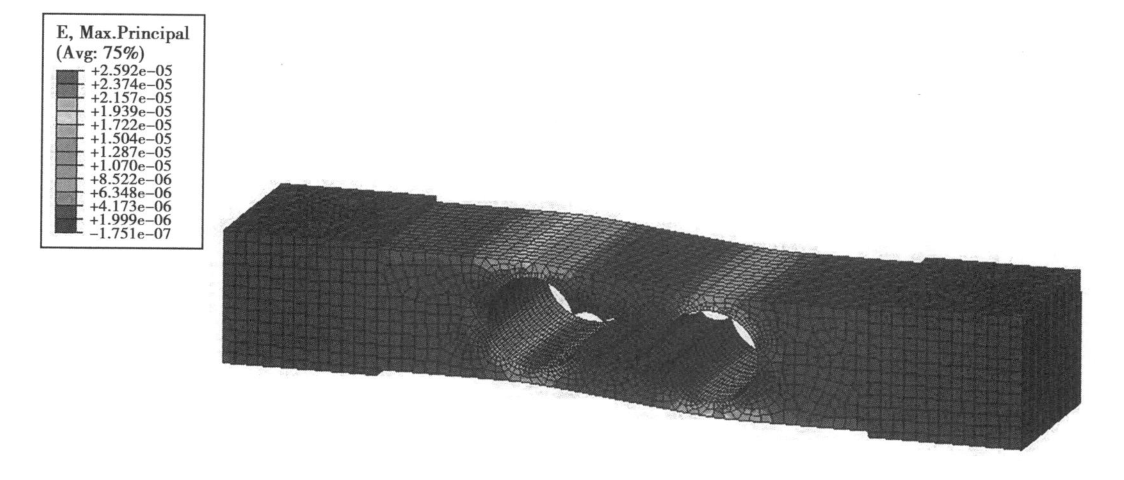

图 7.11　试件的应变云图

通过有限元软件模拟了3种不同位置受载下的试件的应变情况。下面对工况下的应变数据进行提取分析。

载荷作用在RP-01位置处,单元1、2、3、4位置处的x方向的各自应变值,以及求出实验相对应的$\varepsilon_1-\varepsilon_2-\varepsilon_3+\varepsilon_4$值的具体数值见表7.3。

表7.3　应变值记录表

质量/g	应变 $\varepsilon_1/\mu\varepsilon$	应变 $\varepsilon_2/\mu\varepsilon$	应变 $\varepsilon_3/\mu\varepsilon$	应变 $\varepsilon_4/\mu\varepsilon$	总应变 $\varepsilon_1-\varepsilon_2-\varepsilon_3+\varepsilon_4/\mu\varepsilon$
100	3.771 9	-5.325 7	-4.811 73	5.023 65	18.932 98
200	7.543 79	-10.651 4	-9.623 45	10.047 3	37.865 94
300	11.315 7	-15.977 1	-14.435 2	15.071	56.799
400	15.087 6	-21.302 8	-19.246 9	20.094 6	75.731 9
500	18.859 5	-26.628 5	-24.058 6	25.118 3	94.664 9
600	22.631 4	-31.954 2	-28.870 4	30.141 9	113.597 9
700	26.403 3	-37.279 9	-33.682 1	35.165 6	132.530 9
800	30.175 2	-42.605 6	-38.493 8	40.189 2	151.463 8
900	33.947 1	-47.931 3	-43.305 5	45.212 9	170.396 8
1 000	37.719	-53.257	-48.117 3	50.236 5	189.329 8

载荷作用在RP-02位置处,单元1、2、3、4位置处的x方向的各自应变值,以及与实验相对应的$\varepsilon_1-\varepsilon_2-\varepsilon_3+\varepsilon_4$值的具体数值见表7.4。

表7.4　应变值记录表

质量/g	应变 $\varepsilon_1/\mu\varepsilon$	应变 $\varepsilon_2/\mu\varepsilon$	应变 $\varepsilon_3/\mu\varepsilon$	应变 $\varepsilon_4/\mu\varepsilon$	总应变 $\varepsilon_1-\varepsilon_2-\varepsilon_3+\varepsilon_4/\mu\varepsilon$
100	4.183 75	-4.973 6	-5.115 14	4.598 9	18.871 39
200	8.367 5	-9.947 19	-10.230 3	9.197 81	37.742 8
300	12.551 2	-14.920 8	-15.345 4	13.796 7	56.614 1
400	16.735	-19.894 4	-20.460 6	18.395 6	75.485 6
500	20.918 7	-24.868	-25.575 7	22.994 5	94.356 9
600	25.102 5	-29.841 6	-30.690 9	27.593 4	113.228 4
700	29.286 2	-34.815 2	-35.806	32.192 3	132.099 7

续表

质量/g	应变 $\varepsilon_1/\mu\varepsilon$	应变 $\varepsilon_2/\mu\varepsilon$	应变 $\varepsilon_3/\mu\varepsilon$	应变 $\varepsilon_4/\mu\varepsilon$	总应变 $\varepsilon_1-\varepsilon_2-\varepsilon_3+\varepsilon_4/\mu\varepsilon$
800	33. 47	-39. 788 8	-40. 921 1	36. 791 2	150. 971 1
900	37. 653 7	-44. 762 4	-46. 036 3	41. 390 1	169. 842 5
1 000	41. 837 5	-49. 736	-51. 1514	45. 989 1	188. 714

载荷作用在 RP-03 位置处，单元 1、2、3、4 位置处的 x 方向的各自应变值，以及与实验相对应的 $\varepsilon_1-\varepsilon_2-\varepsilon_3+\varepsilon_4$ 值的具体数值见表 7. 5。

表 7. 5　应变值记录表

质量/g	应变 $\varepsilon_1/\mu\varepsilon$	应变 $\varepsilon_2/\mu\varepsilon$	应变 $\varepsilon_3/\mu\varepsilon$	应变 $\varepsilon_4/\mu\varepsilon$	总应变 $\varepsilon_1-\varepsilon_2-\varepsilon_3+\varepsilon_4/\mu\varepsilon$
100	4. 854 15	-4. 431 9	-5. 581 94	3. 945 43	18. 813 42
200	9. 708 3	-8. 863 8	-11. 163 9	7. 890 86	37. 626 86
300	14. 562 4	-13. 295 7	-16. 745 8	11. 836 3	56. 440 2
400	19. 416 6	-17. 727 6	-22. 327 8	15. 781 7	75. 253 7
500	24. 270 7	-22. 159 5	-27. 909 7	19. 727 1	94. 067
600	29. 124 9	-26. 591 4	-33. 491 7	23. 672 6	112. 880 6
700	33. 979	-31. 023 3	-39. 073 6	27. 618	131. 693 9
800	38. 833 2	-35. 455 2	-44. 655 5	31. 563 4	150. 507 3
900	43. 687 3	-39. 887 1	-50. 237 5	35. 508 9	169. 320 8
1 000	48. 541 5	-44. 319	-55. 819 4	39. 454 3	188. 134 2

对上述 3 种加载情况下所测的数据取平均值，与实验所测数据进行比较，见表 7. 6。

表 7. 6　有限元与实验结果对照表

质量/g	有限元计算/$\mu\varepsilon$	实验所测/$\mu\varepsilon$	相对误差/%
100	18. 872 6	21	10. 130 5
200	37. 745 2	42. 7	11. 603 7
300	56. 617 77	63. 3	10. 556 5
400	75. 490 4	85. 3	11. 500 1
500	94. 362 93	106. 3	11. 229 6

续表

质量/g	有限元计算/με	实验所测/με	相对误差/%
600	113. 235 6	127	10. 838 1
700	132. 108 2	147. 7	10. 556 4
800	150. 980 7	168	10. 130 5
900	169. 853 4	190. 3	10. 744 4
1 000	188. 726	211. 7	10. 852 1

我们可以看到相对误差保持在10%左右,这个误差在工程上是可以承受的。造成误差的方面很多,但有一个方面需要说明,就是建模的时候其大圆的半径确定方面,由于应力集中的缘故,在圆面上其应力以3倍拉伸应力大小向自由面迅速降低,所以几何数据的测量准确性非常重要,这也可能是误差产生的主要原因。

二、金属弹性模量测定方案

1. 电测法方案

(1)方案内容

电测法——将物理量、力学量、机械量等非电物理量通过敏感元件转换成电量来进行测量的一种实验方法。将电阻应变片粘贴在构件上,当构件受力变形时应变片也随之一起变形,应变片的电阻值发生变化,通过测量电桥焦点组变化转换成电压信号,经放大处理及模数转换,最后直接输出应变值。

(2)方案原理

由物理学可知,金属导线的电阻为:

$$R=\frac{\rho L}{A} \tag{7.1}$$

式中,ρ——导线材料电阻率;

L——导线长度;

A——导线截面积。

当金属导线因受力变形引起电阻相对变化,对式(7.1)两边取对数再微分得

$$\frac{\mathrm{d}R}{R}=\frac{\mathrm{d}\rho}{\rho}+\frac{\mathrm{d}L}{L}+\frac{\mathrm{d}A}{A} \tag{7.2}$$

式中,$\frac{\mathrm{d}\rho}{\rho}\approx C\frac{\mathrm{d}V}{V}=C\left(\frac{\mathrm{d}A}{A}+\frac{\mathrm{d}L}{L}\right)$;$\frac{\mathrm{d}L}{L}=\varepsilon$;$\frac{\mathrm{d}A}{A}=2\frac{\mathrm{d}D}{D}=2\left(-\mu\frac{\mathrm{d}L}{L}\right)$

C——常数，与材料属性相关；

V——体积；

ε——应变；

D——导线直径；

μ——导线材料泊松比。

由式(7.2)得

$$\frac{\mathrm{d}R}{R}=C(-2\mu\varepsilon+\varepsilon)+\varepsilon-(-2\mu\varepsilon)=[C(1-2\mu)+(1+2\mu)]\varepsilon \tag{7.3}$$

令 $K=C(1-2\mu)+(1+2\mu)$，K 为比例系数，又称金属丝的灵敏系数，由生产厂家测定。根据式(7.3)则有

$$\frac{\mathrm{d}R}{R}=K\varepsilon \tag{7.4}$$

该式表明，金属导线受力变形时，其电阻相对变化率$\frac{\mathrm{d}R}{R}$与导线的应变呈一次比例关系，因此若将一根金属丝粘贴在构件表面，则当构件产生变形时金属丝也将随之一起变形，由金属丝电阻的相对变化，就可得知构件表面应变的变化。

(3)方案步骤

①选择应变片：选择外观无损伤的同一批号的应变片，用万用表测量电阻值，选择电阻值差别很小的应变片供粘贴使用。

②试件表面处理：用细砂纸打磨粘贴区域，处理面积应大于应变片面积的 3 倍，然后用浸有无水乙醇的棉球将该部位及其周围擦洗干净，画出贴片定位线，此后不能再用手触摸待贴位置。

③贴片：待无水乙醇挥发干燥后，一手用镊子捏住应变片，另一手在应变片基底面涂抹黏接剂，立即将应变片放在试件贴片处，并使应变片基准线对准定位线。用一小片保鲜膜盖在应变片上，一手捏住引出线，另一手用手指滚压挤出多余的黏接剂和气泡，切记要垂直用力，不能滑动和转动。

④干燥固化：黏接剂可在室温下固化，自然干燥 15～24 h。

⑤质量检查：用万用表检查应变片阻值是否正常，观察应变片位置是否正确。

⑥导线焊接与固定：焊接前在引出导线下面黏一层绝缘层，以保证引出线焊点处的绝缘。将测量导线用胶布固定在试件上，使导线一端与应变片引出线靠近，并事先将导线塑料皮去掉 3 mm 并涂锡，然后用电烙铁将应变片引出线与测量导线焊接，防止虚焊。焊接要迅速、准确、时间不宜过长。

⑦防潮保护：粘贴好的应变片，会因受潮降低粘贴性能，甚至脱落。因此焊好导线后应立即涂上防护层。

⑧将应变片按照全桥连接方式分别连接到接线柱上。

⑨选用合适的预加荷载并将应变清零。

⑩选用合适的逐级载荷与加载级数,逐级等量加载。

应变仪实物图如图 7.12 所示,测试试样图如图 7.13 所示。

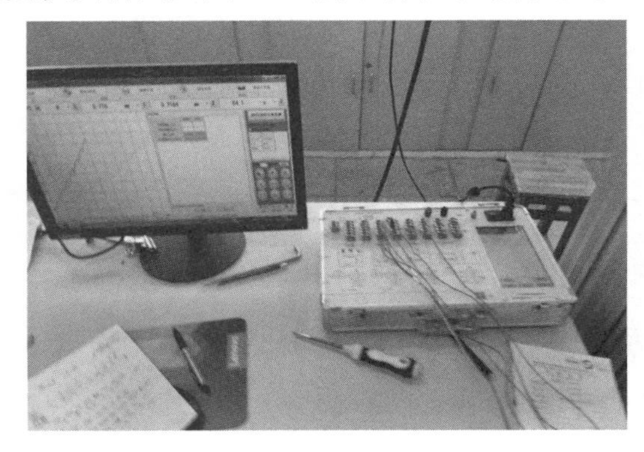

图 7.12　应变仪实物图

图 7.13　测试试样图

⑪记录实验数据与结果。

(4)方案结果

数据应记录每一级载荷下的应变增量,最后得到平均应变增量,最终由公式 $E=\frac{F}{\varepsilon A}$ 得到所测弹性模量。

(5)方案数据

实验数据见表 7.7。

表 7.7　实验数据

力 F/V	300	500	700	900	1 100
应变仪数据/με	1 119	1 139	1 156	1 171	1 184
应变增量/με		20	17	15	13
平均增量/με	16.25				

试件截面宽 $b=22$ mm;

试件厚度 $d=2.63$ mm;

试件面积 $A=57.86$ mm^2;

使用平均增量以及力梯度通过公式 $E=\frac{\Delta F}{\Delta\varepsilon A}$ 计算得:

$$E=\frac{200\text{N}}{(16.25\times 57.86)\times 10^{-12}\text{m}^2}=212.7\ \text{GPa} \tag{7.5}$$

2. 悬臂梁挠度法方案

(1)方案内容

悬臂梁挠度法,在金属梁悬臂端施加集中荷载,通过激光笔将梁发生的挠度放大,通过挠度及荷载与梁弹性模量之间的关系式,测量金属梁的弹性模量值。

(2)方案原理

测试原理示意图如图 7.14 所示,材料力学中,在小变形情况下,梁端挠度远远小于梁长,有 $\theta \approx \tan\theta$,其与弯矩的关系为:

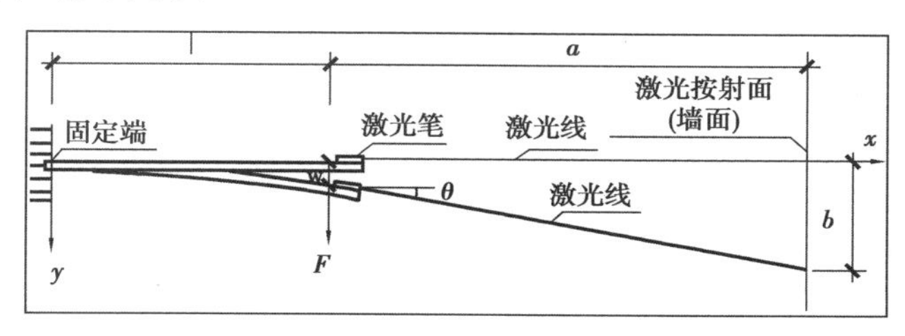

图 7.14　测量原理示意图

$$EIw''=-M(x) \tag{7.6}$$

积分后得

$$EIw=-\iint M(x)\,\mathrm{d}^2x+C_1x+C_2 \tag{7.7}$$

带入边界条件得

$$\theta=\frac{Fl^2}{2EI} \tag{7.8}$$

$$w=\frac{Fl^3}{3EI} \tag{7.9}$$

且有

$$\theta \approx \tan\theta=\frac{b-w}{a} \tag{7.10}$$

将式(7.10)代入式(7.8)得

$$E=\frac{\left(l^2a+\dfrac{2}{3}l^3\right)}{3I}\frac{F}{b} \tag{7.11}$$

即得到弹性模量 E。

(3)方案步骤

①搭建如图 7.15 所示的实验装置。

②测量等截面金属悬臂梁的截面尺寸以计算 l。

③取多组不同的 l 和 a 进行测试,选用合适的逐级载荷与加载级数,逐级在金属梁悬臂端施加集中荷载。

④记录激光笔光点的位移值 b,如图 7.16 所示。

⑤绘制 F 和 b 的关系曲线图。

⑥计算出每一组数据拟合得到拟合直线的斜率 $K_1,K_2,K_3\cdots$

⑦计算 $E_1,E_2,E_3\cdots$并取其平均值。

图 7.15　悬臂梁挠度法测试现场图

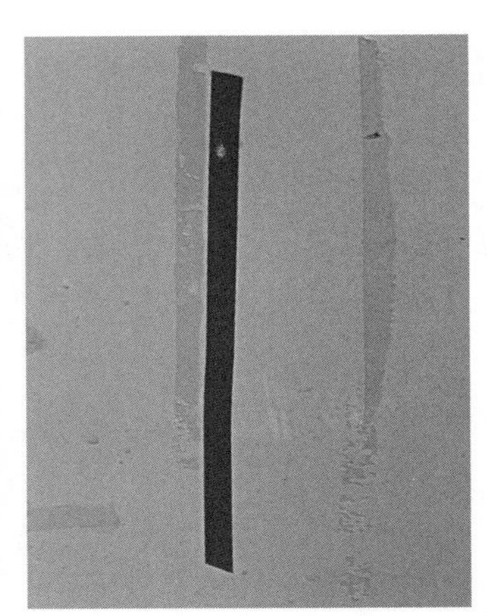

图 7.16　激光位移传感器

(4)方案数据

方案数据见表 7.8。

表 7.8　数据记录

质量/N	位移/mm
0	0
0.5	2.2
1	4.6
1.5	6.7
2	8.4
2.5	10.5
3	12.7

数据拟合得到拟合直线的斜率 K,由公式 $E=\dfrac{\left(l^2a+\dfrac{2}{3}l^3\right)}{3I}\dfrac{F}{b}$计算得 $E=240.3$ GPa。

三、纸塔搭建方案

1. 方案一

(1)结构尺寸设计

学生设计了纸塔结构采用如图 7.17 所示的桁架结构,其中下底边长为 29 cm,顶面边长为 18 cm,杆件采用空心圆柱结构,选择 502 作为黏接剂,成品如图 7.18 所示。

图 7.17　纸塔结构建模

为了让杆件拥有较好强度刚度的同时减轻结构的重量,采用如图 7.19 所示的空心圆柱形杆,在两根杆件的连接处使用了套筒进行加固以防止连接界面的过早失效。

图 7.18　纸塔结构制作成品

图 7.19　纸塔杆件及连接细节

(2)测试过程与结果数据

如图 7.20 所示,变形形式主要是失稳变形,结构支撑杆从薄弱的地方开始破坏,导致杆件失稳,从而影响整个结构的稳定性与承载能力,但是直到失效时仅有两根支撑柱破坏,其他结构完好,说明应该进一步加强支撑柱的承载能力。

图 7.20　纸塔破坏过程

在 A 点以前，时间与载荷大致为线性变化，说明此时结构良好，未发生变化；在 A 点以后，曲线斜率发生变化，对应到加载过程，是纸塔的杆件屈曲，导致承重性能发生改变；在到达 B 点后，载荷下降，此时结构到达极限，纸塔开始产生宏观损伤。可以看到结构的极限抗压强度大概为 1 800 N。

2. 方案二

(1)结构尺寸设计

学生基于题目，设计了两个纸塔方案，如图 7.22 所示。1 号模型主要灵感来源于常见建筑工地的塔吊起重器，四根承重柱加若干的结构杆件，并在塔吊的基础上在结构中间加入了许多三角形结构来提高结构的稳定性，同时加固底部使整个结构重心下移，提高其水平方向的抗变形能力。2 号模型采用了简单的圆柱形结构，仅在顶部和底部建立了类似四边形的结构来让整个纸塔稳定性大大提升，灵感来自于如商场建筑的大型承重墙。

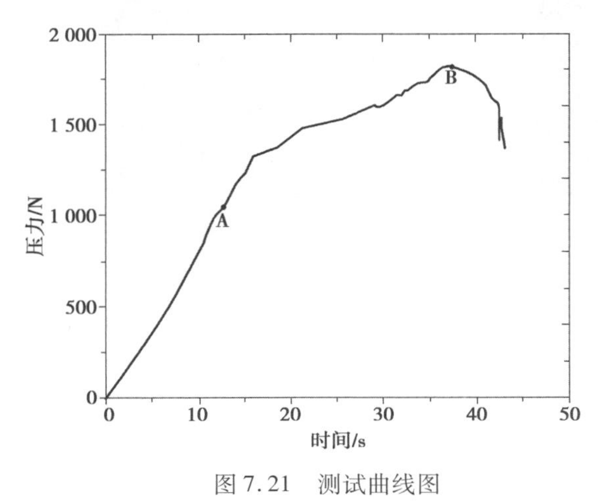

图 7.21　测试曲线图

图 7.22　纸塔制作实物，左为 1 号，右为 2 号

学生所设计1号模型主要结构是桁架结构，难点在于把A4纸搓成圆柱体，工作量较大，在杆件方面，学生采用4张A4纸搓成一根承重杆，3张A4纸搓成一根结构杆，制作完所有的杆件后再用502黏住接口。值得注意的是：防止结构中间的断裂和位移，为保证结构的稳定性，承重杆的连接处加入了短杆，2号结构与1号结构相似，也是4张A4纸组成承重件，中间的大圆柱采用六边形结构进行排列，以提高结构稳定性。

（2）测试过程与结果数据

学生对制作的结构进行了测试，过程如图7.23所示，得到了2个模型的数据，如图7.24所示。结果表明：在实际过程中，最先受到破坏的是结构顶部。

图7.23　1号和2号模型测试过程

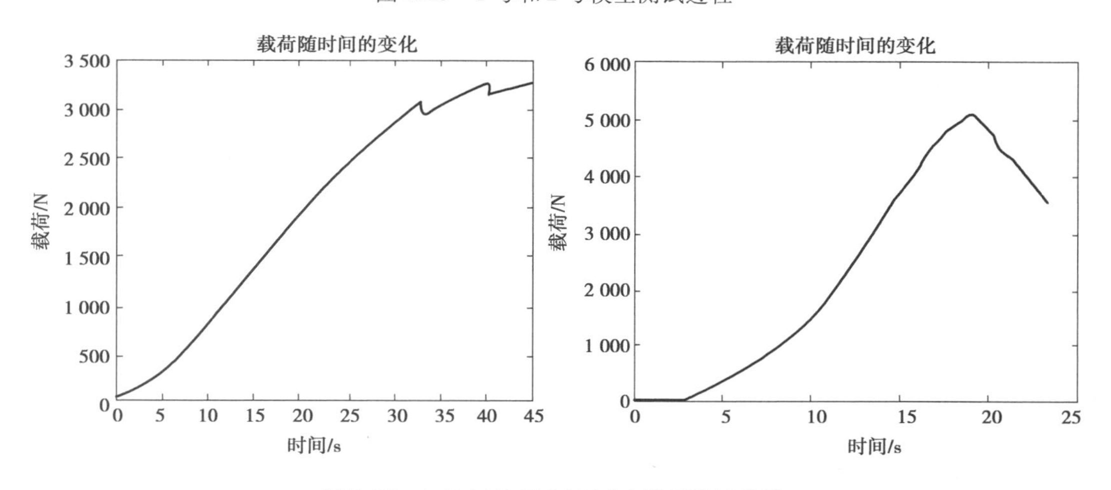

图7.24　1号（左）和2号（右）模型测试曲线

本组学生基于自学的ABAQUS有限元软件对结构进行了有限元分析，分析采用梁单元，获得了应力和应变云图，如图7.25所示，并与实验结果进行了对比。

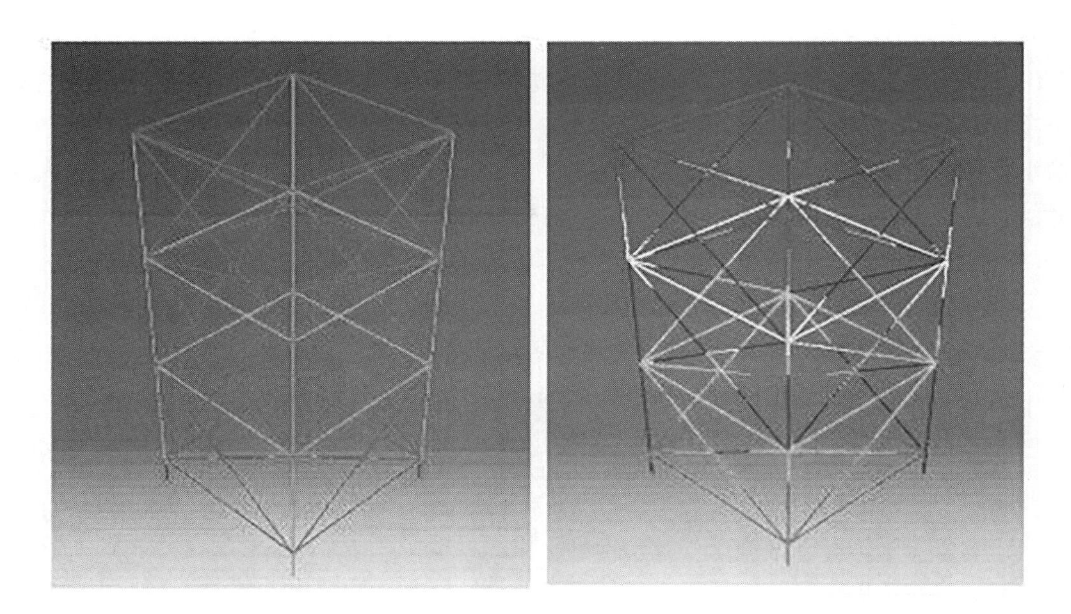

图 7.25　1 号有限元分析结果,左为应力云图,右为应变云图

(3)学生心得

本组学生完成此次实验后的心得:拿到这一次力学实验的要求时,第一时间想到的就是建筑工地上的塔吊结构,与组员商定后进行制作取得不错的效果,于是就有了第一个结构。对于第二个结构,考虑用最少的质量做出最稳定的承重结构,设计思路是在第一个结构基础上直接去掉多余的结构件,把所有质量集中到承重件上。成品效果非常好,小组获得了这次设计的第一名。由于材料的限制,A4 纸没法做到一体化,在件与件的连接处还是容易出现问题;即使加固了连接处,但效果仍不好。总之,本次实验的重点并不在于我们做得怎么样,而在于培养了我们的创新思维和动手能力,让我们都有很大的收获。

参考文献

[1] 刘鸿文. 材料力学Ⅱ[M]. 6 版. 北京:高等教育出版社,2017.
[2] 刘鸿文,吕荣坤. 材料力学实验[M]. 4 版. 北京:高等教育出版社,2017.
[3] 江丙云,孔祥宏,罗元元. ABAQUS 工程实例详解[M]. 北京:人民邮电出版社,2014.
[4] 哈尔滨工业大学理论力学教研室. 理论力学 I [M]. 北京:高等教育出版社,2009.
[5] 郭开元,陈天富,冯贤桂. 材料力学[M]. 3 版. 重庆:重庆大学出版社,2013.
[6] 马骏. 材料力学实验[M]. 重庆:重庆大学出版社,2010.
[7] 龙伟民,刘胜新. 材料力学性能测试手册[M]. 北京:机械工业出版社,2014.
[8] 张贵仁. 材料试验机[M]. 北京:中国计量出版社,2010.
[9] 贾杰,丁卫. 力学实验教程[M]. 北京:清华大学出版社,2012.